Für meinen Neffen, Quentin Paul Nitschke,
der mit Kampfgeist und Löwenherz
seine kleine Welt eroberte,
während ich dieses Büchlein schrieb.

Petra Nitschke
Bildsprache
Formen und Figuren in Grund- und Aufbauwortschatz

5. Aufl. 2021
Endenicher Str. 41, D-53115 Bonn
Tel: 0228-9 77 91-0, Fax: 0228-61 61 64
info@managerseminare.de
www.managerseminare.de

ISBN: 978-3-941965-37-9

Herausgeber der Edition Training aktuell:
Ralf Muskatewitz, Jürgen Graf, Nicole Bußmann

Lektorat: Jürgen Graf
Layout und Illustration: Petra Nitschke
Druck: Kösel GmbH und Co. KG, Krugzell

Petra Nitschke

Bildsprache

Formen und Figuren
in Grund- und Aufbauwortschatz

managerSeminare Verlags GmbH – Edition Training aktuell

Inhaltsangabe

Einleitung 14

A Formen Grundwortschatz 18

B Formen Aufbauwortschatz 56

C Figuren Grundwortschatz 156

D Figuren Aufbauwortschatz 192

Index 258

Danksagung 282

Die Autorin 284

Seite 18 – 55

Formen
Grundwortschatz

1. Grundformen
2. Textboxen
3. Fahnen & Banner
4. Diagramme
5. Prozesse
6. Einfache Icons

Seite 56 – 155

Formen
Aufbauwortschatz

1. Wege zum Ziel
2. Infrastruktur
3. Bildung & Beruf
4. Haushalt
6. Freizeit
6. Natur

Seite 156 – 191

Figuren
Grundwortschatz

1. Kullermännchen
2. Strichmännchen
3. Sternmännchen
4. Hand & Fuß
5. Einfache Posen
6. Rollen & Berufe

Seite 192 – 257

Figuren
Aufbauwortschatz

1. Komplexe Gestik
2. Komplexe Posen
3. In der Bildung
4. Im Beruf
5. Im Haushalt
6. In der Freizeit

Inhaltsangabe

Formen Grundwortschatz 18

1. Grundformen 20

Linien 20
Kreise 22
Dreiecke 24
Vierecke 26
Pfeile 28
Spiralen 30

2. Textboxen 32

Notizzettel & Dokumente 32
Rahmen & Schilder 34
Sprechblasen & Denkwolken 36
Symbole als Textboxen 37

3. Fahnen & Banner 38
Überschriftenbanner 38
Zielbanner 39
Fahnen 39
Schriftrollen 40

4. Diagramme 42
Liniendiagramme 42
Säulen- und Balkendiagramme 43
Blasen- und Netzdiagramme 43
Pyramiden, Treppen & Puzzles 44
Kreis- und Ringdiagramme 45
Tortendiagramme 45

5. Prozesse 46
Lineare Abläufe 46
Prozessentwicklung 47
Umwege & Abzweigungen 47
Kreisprozesse 48

6. Einfache Icons 50
Textboxen – Ziele – Infrastruktur 50
Bildung – Beruf – Haushalt 52
Freizeit – Natur – Mensch 54

Inhaltsangabe

Formen Aufbauwortschatz 56

1. Wege zum Ziel 58
Wege 58
Orientierung 60
Planung & Durchführung 62
Zielerreichung 68

2. Infrastruktur 72
Gebäude 72
Verkehr & Transport 76
Energieversorgung 88
Kommunikationsmedien 92
Geldwesen 94

3. Bildung & Beruf 96
Lernmaterial 96
Bücher & Skripte 98
Seminarausstattung 100
Büroausstattung 102

4. Haushalt 106
Wohnungseinrichtung 106
Kurzwaren – Accessoires – Verpackungen 110
Geräte & Werkzeuge 116
Nahrungsmittel 120

5. Freizeit 128
Sport 128
Entspannung 130
Spiele 132
Kunst & Kultur 134

6. Natur 138
Wetter & Klima 138
Lebensräume 140
Pflanzen 146
Tiere 148

Inhaltsangabe

Figuren Grundwortschatz 156

1. Kullermännchen 158

Beziehungen 158

Kommunikation 159

Gruppen & Menschenmassen 162

2. Strichmännchen 164

Rollen – Berufe – Körperzustände 164

Gemütszustände 166

Strichmännchen in Action 167

Mimik 168

3. Sternmännchen 170

Vom Stern zum Sternmännchen 171
Grundposen der Sternmännchen 171
Sternmännchen in Action 172
Gruppen von Sternmännchen 173

4. Hand & Fuß 174

Hände & Füße 174
Grundformen der Gestik 176
Anwendung von Gestik 178

5. Einfache Posen 182

Posen in 360° 182
Gemütszustände 184
Haltungen 186

6. Rollen & Berufe 188

Doktorand – Arzt – Krankenschwester 188
Büroangestellter – Musiker – Arbeiter 189
Nonne – Mönch – Landwirt 190
Schornsteinfeger – Koch – Lebemann – Dieb....191

Inhaltsangabe

Figuren Aufbauwortschatz 192

1. Komplexe Gestik 194

Zeigen 194

Greifen & Halten 196

Fäuste 198

2. Komplexe Posen 200

Präsentieren 200

Zeigen & Halten 204

Gehen – Laufen – Schieben 208

Sitzen & Fahrradfahren 214

3. In der Bildung 220
Präsentieren am Flipchart 220
Präsentieren am Rednerpult 220
Gruppenarbeit an der Pinnwand 221
Einzelarbeit an der Pinnwand 221

4. Im Beruf 222
Berufsalltag 222
Entscheidungen 224
Überwindbare Hürden 226
Fremdbestimmung & Stress 228

5. Im Haushalt 230
Hausarbeit 230
Handwerk 232
Gartenarbeit 233

6. In der Freizeit 234
Sport 234
Outdoor 244
Hobbies 248
Musik 250
Entspannung 254

Einleitung

Lernen Sie eine neue Sprache – die Bildsprache, um sich visuell auszudrücken, und übersetzen Sie Ihre Texte in Bilder.

Ebenso wie Englisch eine Fremdsprache für uns ist, können Sie auch die Bildsprache als Fremdsprache betrachten: Kennen Sie erst einmal die Grundelemente der Bildsprache, können Sie auf dieser Basis auch komplette Bilder kreieren, so wie aus der Anordnung einzelner Buchstaben neue Wörter entstehen. Wie bei einer Fremdsprache ist auch der Aufbau einer Bildsprache ein Prozess, bei dem Sie sich nach und nach neue Vokabeln aneignen werden.

Wie kann dieses Buch dabei unterstützen? In diesem Werk erhalten Sie neben einem soliden Grundwortschatz auch einen umfangreichen Aufbauwortschatz der visuellen Sprache. Sie erlernen spielerisch die „Grammatik der Bildsprache" und wagen sich Schritt für Schritt auch an komplizierte Formen und Figuren.

Es erwarten Sie auf den nächsten Seiten Hunderte von Motiven, die Sie inspirieren möchten, sich in Ihrer neuen Sprache, der Bildsprache, visuell auszudrücken.

Formen im Grundwortschatz
Lernen Sie das ABC der Bildsprache kennen – die Grundformen – und erfahren Sie, wie Sie mit den Grundformen einfache Bilder und Symbole kreieren können.

Formen im Aufbauwortschatz
Erweitern Sie in diesem Kapitel Ihren Wortschatz. Finden Sie in verschiedenen Kapiteln geeignete Bildvokabeln und wagen Sie sich Schritt für Schritt an kompliziertere Formen.

Figuren im Grundwortschatz
Erfahren Sie, wie Sie Kullermännchen, Strichmännchen und Sternmännchen in einfachen Posen und Gestiken zeichnen können.

Figuren im Grundwortschatz
Hier lernen Sie, Figuren in Alltags-, Lern- und Arbeitssituationen in komplizierteren Posen darzustellen.

Einleitung

Vier Dinge benötigen Sie für Ihr Bildvokabelbuch: Papier in guter Qualität, Bleistift zum Skizzieren und Marker für Konturen und Schattierung.

Papier
Ihre Bildvokabeln zeichnen Sie auf DIN-A3- oder DIN-A4-Bögen. Wichtig ist eine gute Qualität des Papiers. Es sollte schön dick sein (120g) und strahlend weiß. Nur auf gutem Papier macht die Arbeit beim Zeichnen Spaß! Ein Tipp von mir: Befestigen Sie Ihr Papier auf Klemm-Mappen.

Bleistift zum Skizzieren
Sie skizzieren den Rohentwurf mit einem Bleistift. Mit dem Bleistift können Sie die Linie suchen, die Sie im nächsten Schritt mit dem Marker nachziehen. Ich empfehle einen Bleistift vom Härtegrad 2B, der lässt sich anschließend gut wegradieren.

Marker für Konturen
Mit einem schwarzen Marker ziehen Sie Konturen nach. Verwenden Sie Stifte mit eckigen Keilspitzen oder runden Spitzen in verschiedenen Strichstärken. Ich arbeite gern mit Permanent-Markern von Edding (Edding 500 und Edding 3000).

Copic Marker zum Schattieren
Zum Schattieren greifen Sie auf Designerstifte zurück: Mit grauen Copic Markern in unterschiedlichen Strichstärken können Sie einfach und schnell Schatten erzeugen und damit Räumlichkeit und Dreidimensionalität ins Spiel bringen. Ich schattiere mit dem Copic Sketch N4.

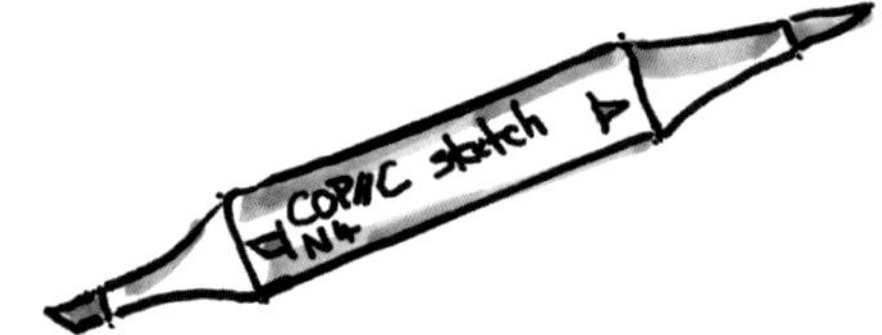

Formen

Grundwortschatz

Formen Grundwortschatz

Grundformen

Textboxen

Fahnen & Banner

Diagramme

Prozesse

Einfache Icons

LEARNING Allerlei über Linien

Die Linie ist eine Verbindung zwischen zwei Punkten. Eine senkrechte Linie begrenzt, eine waagerechte Linie vermittelt Horizont und Weite. Durch die geschwungene Linie kommt Lebendigkeit ins Bild. Sie signalisiert Bewegung.

Schwerpunkt Tiefe – wie durch Kombination von Linien ein Abgrund entsteht.

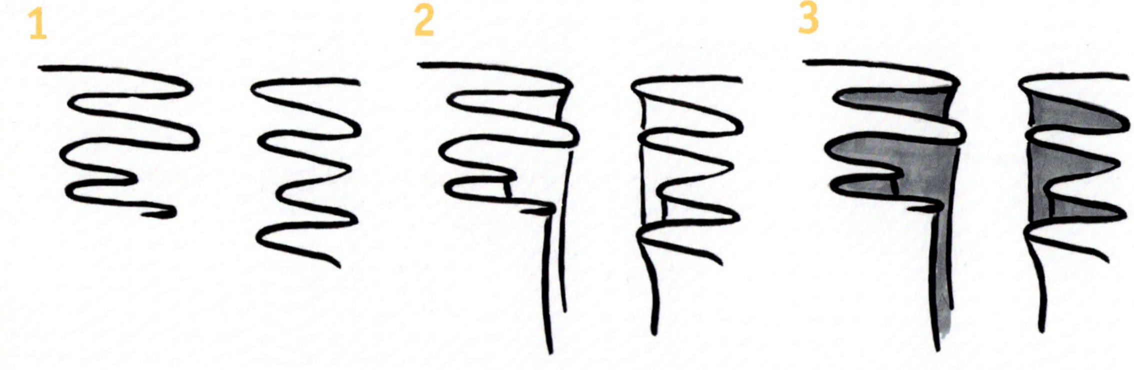

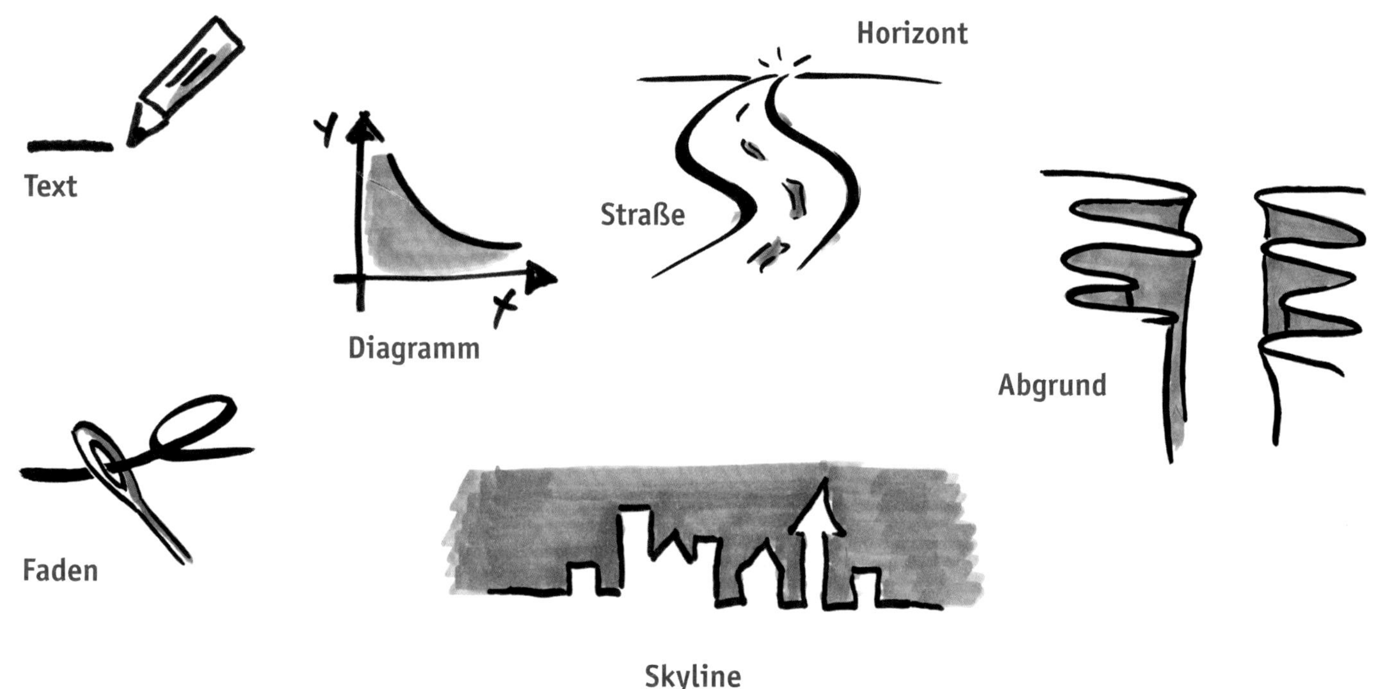
Text
Y
X
Diagramm
Horizont
Straße
Abgrund
Faden
Skyline

Grundformen

Textboxen

Fahnen & Banner

Diagramme

Prozesse

Einfache Icons

LEARNING Allerlei über Kreise

Ein Kreis steht für Geschlossenheit und Harmonie. Er symbolisiert die Vollkommenheit und die Perfektion. Wir „runden etwas ab" und wir kreisen Dinge ein, um einen Zusammenhang zu verdeutlichen. In der Kommunikation verwenden Sie dafür Sprechblasen und Denkwolken.

Schwerpunkt Grundformen kombinieren – wie aus einem Kreis, einem Dreieck und einigen Linien eine Glühbirne entsteht.

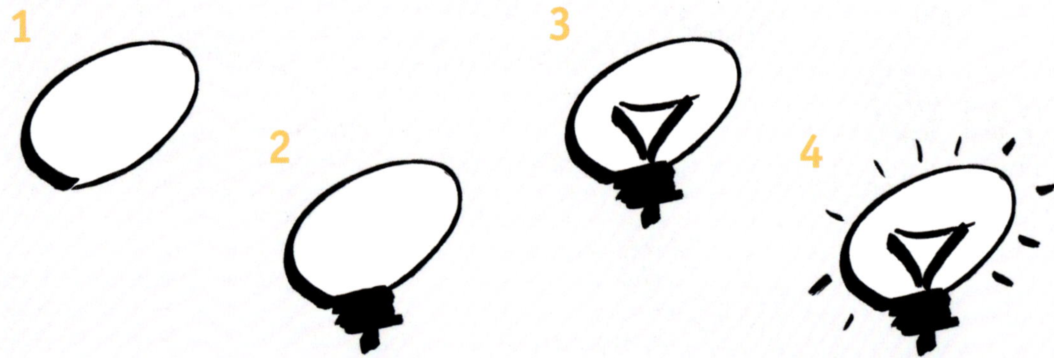

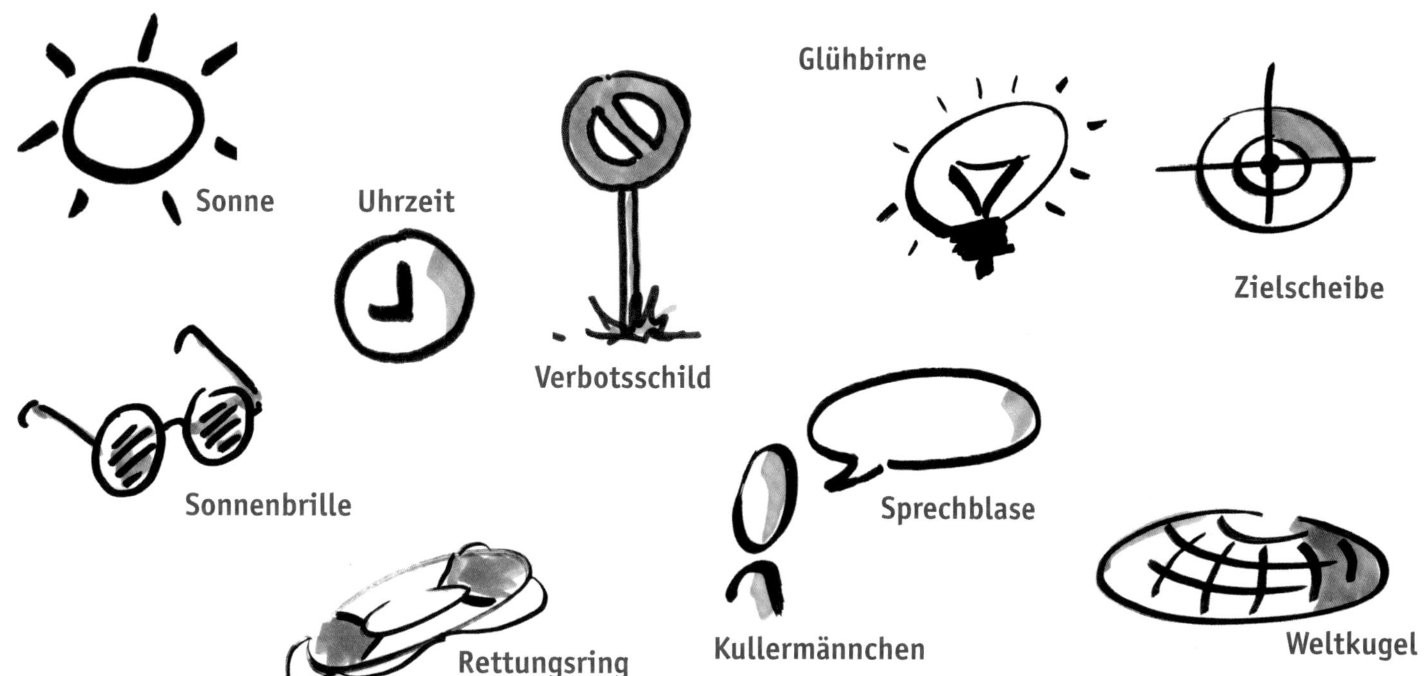
Sonne
Uhrzeit
Verbotsschild
Glühbirne
Zielscheibe
Sonnenbrille
Sprechblase
Rettungsring
Kullermännchen
Weltkugel

Grundformen

Textboxen

Fahnen & Banner

Diagramme

Prozesse

Einfache Icons

LEARNING Allerlei über Dreiecke

Das Dreieck ist ein Richtungssymbol und dient zur Ausbalancierung von Gegensätzen. Dreiecke dienen zur Darstellung von Richtung, Stabilität, Aufbau, Steigung, Hierarchie, Triaden ...

Schwerpunkt Symmetrie – wie durch ein Viereck und einigen Hilfslinien auf einfache Weise eine gleichförmige Sanduhr entsteht.

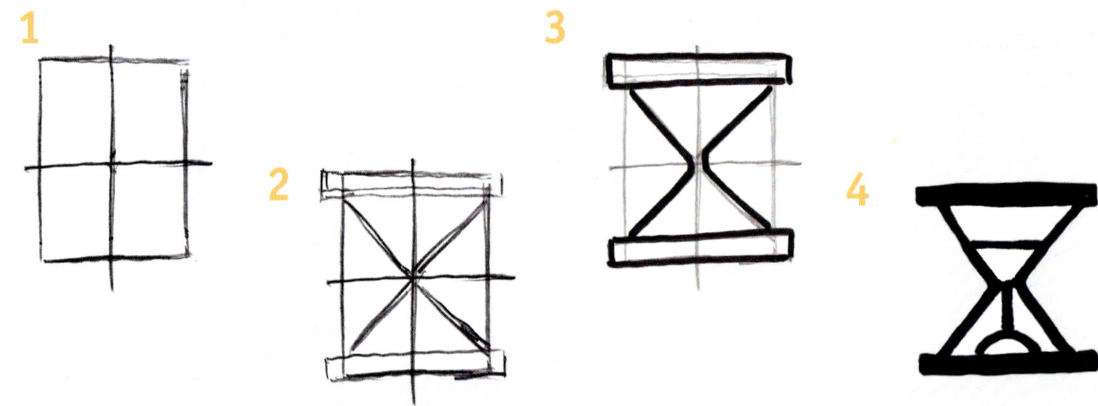

Achtung-Schild

Liste

Käseecke

Pyramide

Sanduhr

Trichter

Diamant

Segelboot

Grundformen

Textboxen

Fahnen & Banner

Diagramme

Prozesse

Einfache Icons

LEARNING Allerlei über Vierecke

Einrahmen, einkästeln, in Kisten verpacken, in Schubladen verwahren – sobald es um Ordnung und Struktur geht, da sind Sie in der Welt der Vierecke! Sie finden sie zuhauf als Textboxen, Dokumente, Diagramme, Organigramme, Rahmen, Schilder, Kisten und Kartons wieder.

Schwerpunkt Dreidimensionalität – wie aus einem Würfel ein Karton entsteht.

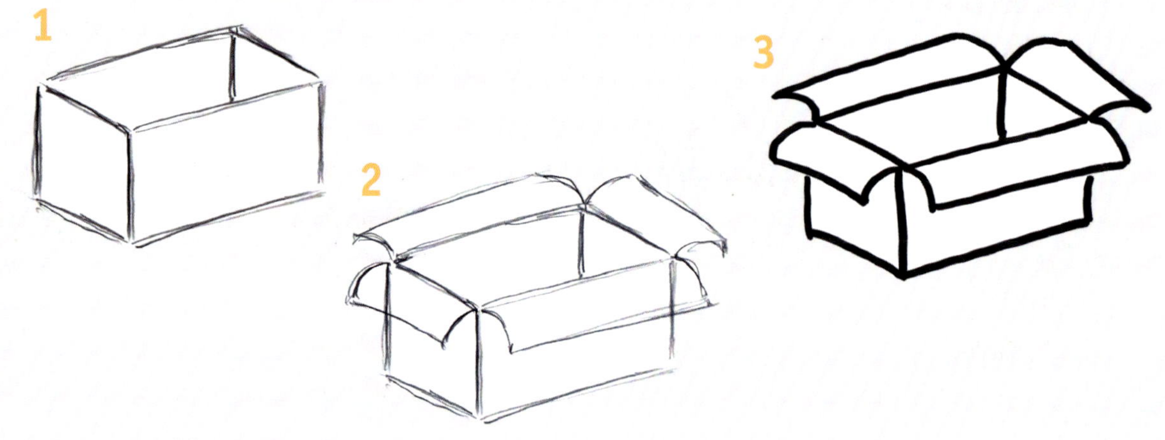

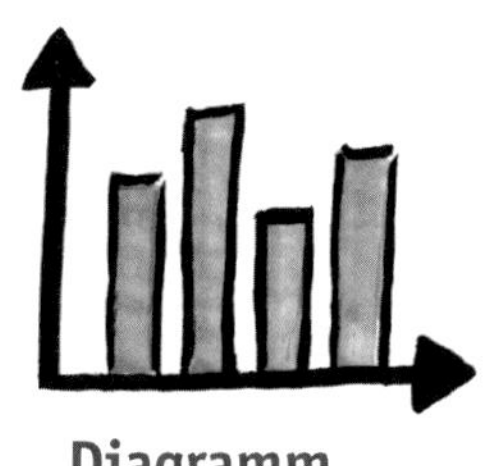
Diagramm

Organigramm

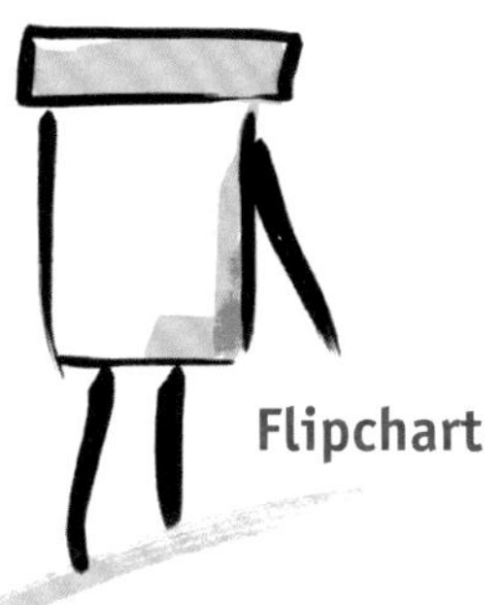
Flipchart

Blatt Papier

Rahmen

Briefumschlag

Kiste

Grundformen

Textboxen

Fahnen & Banner

Diagramme

Prozesse

Einfache Icons

LEARNING Allerlei über Pfeile

Pfeile stehen für Dynamik und Bewegung in eine Richtung, zu einem Ziel. Es ist undenkbar, Prozesse darstellen zu wollen ohne den Einsatz von Pfeilen! Pfeile gibt es in allerlei Formen und Varianten: dick, dünn, gerade, gebogen, gekrümmt, gezackt, eben und dreidimensional, …

Schwerpunkt Überlappung – wie Sie einen Pfeil-Looping zeichnen.

Wegweiser

Blitz

Konflikt

Abzweigung

Turbulenz

Amors Pfeil

Diagramm

Recycling

Grundformen

Textboxen

Fahnen & Banner

Diagramme

Prozesse

Einfache Icons

LEARNING Allerlei über Spiralen

Die Spirale steht für Dynamik und wird überall dort eingesetzt, wo Entwicklung (Spirale von innen nach außen) oder Verdichtung (Spirale von außen nach innen) dargestellt werden soll. Ein dreidimensionaler Effekt stellt sich ein, wenn Sie vertikale Linien an die auslaufenden Kurven der Spirale setzen. Dieser Effekt wird häufig beim Zeichnen von Papierrollen eingesetzt:

Schwerpunkt Dreidimensionalität – wie aus einer Spirale ein eingerolltes Papier entsteht.

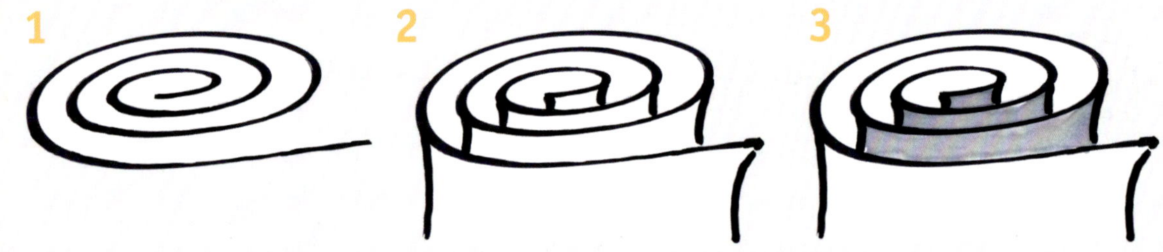

Papierrolle

Zensierte Wutausdrücke

Tornado

Entwicklung

Schnecke

Wasserstrudel

Textboxen

Waschzettel

STEP BY STEP Eine Litfaßsäule zeichnen

1

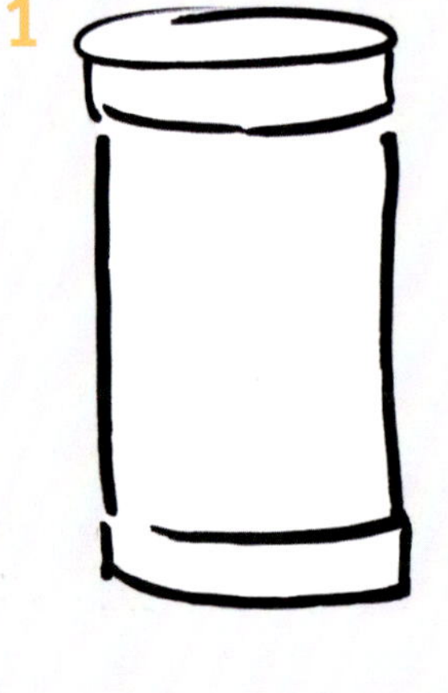

2

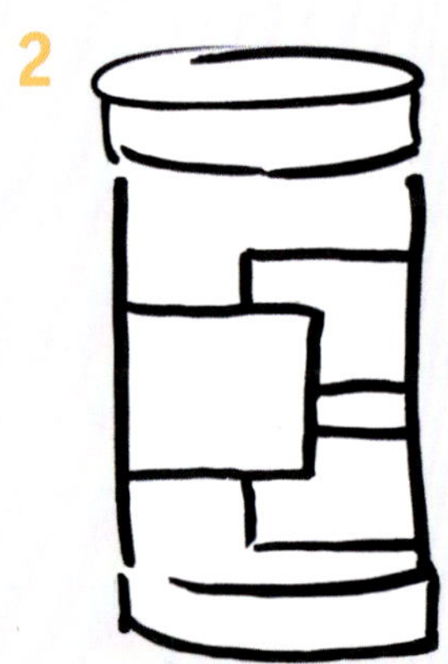

3

Textboxen

STEP BY STEP Ein Banner zeichnen

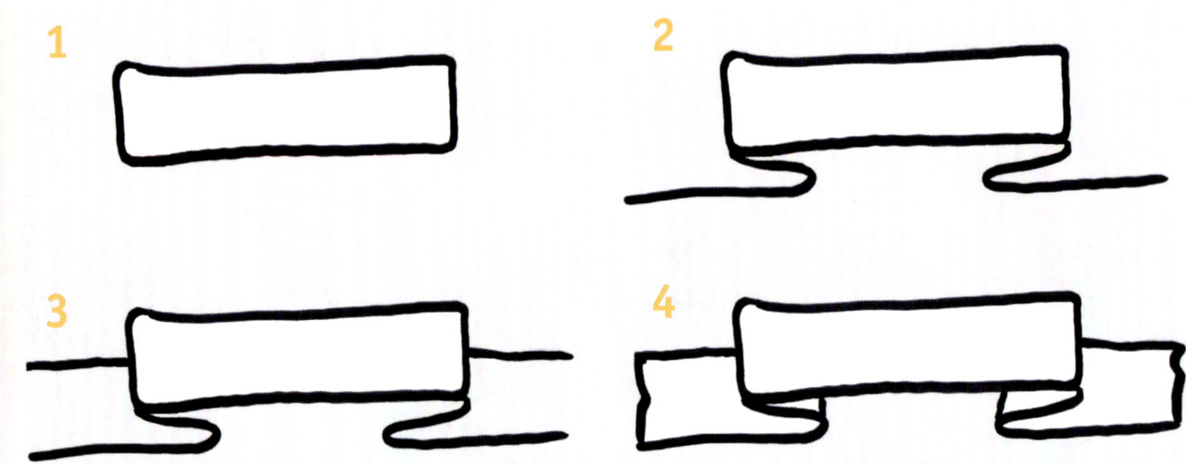

STEP BY STEP Eine Schriftrolle zeichnen

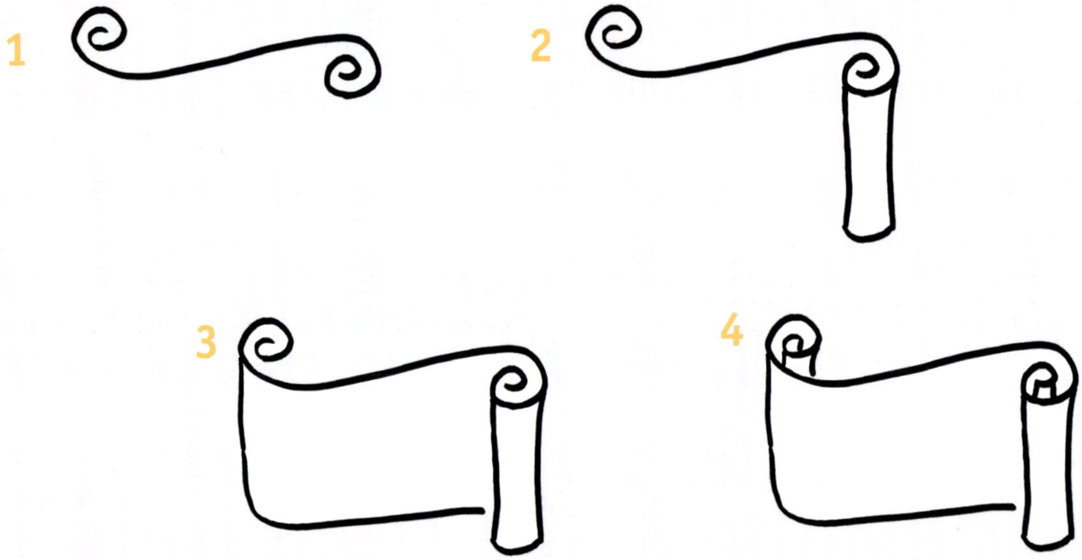

1

2

3

4

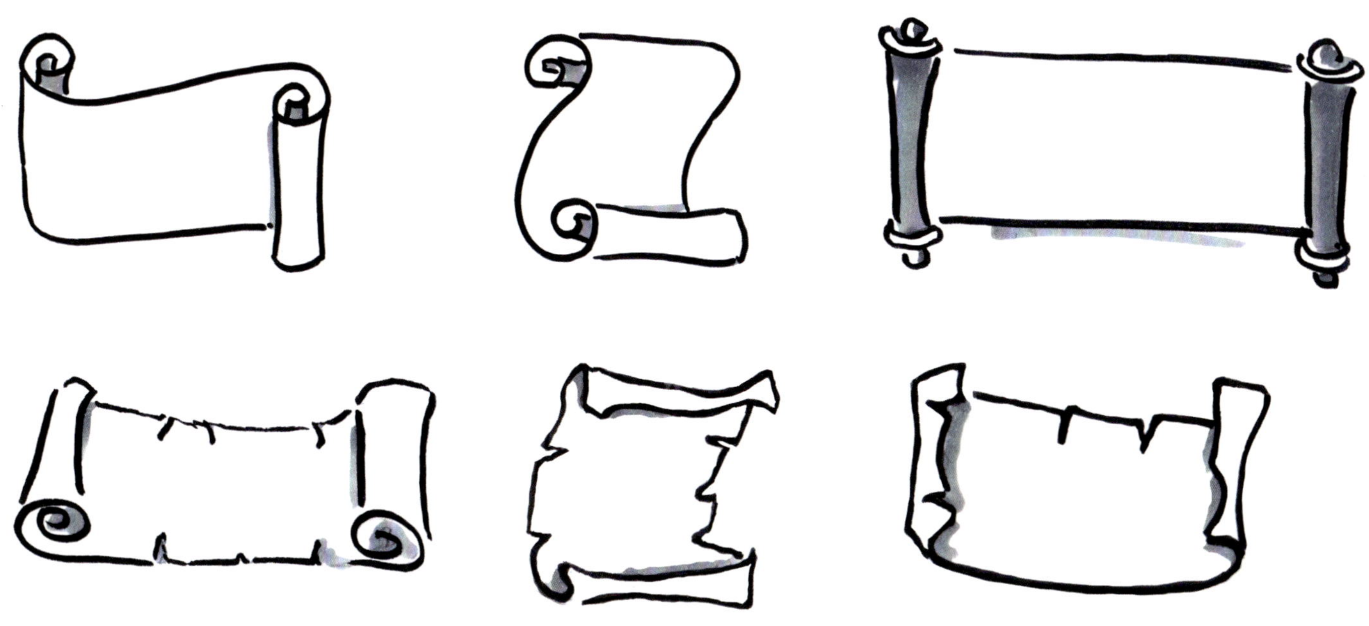

Diagramme

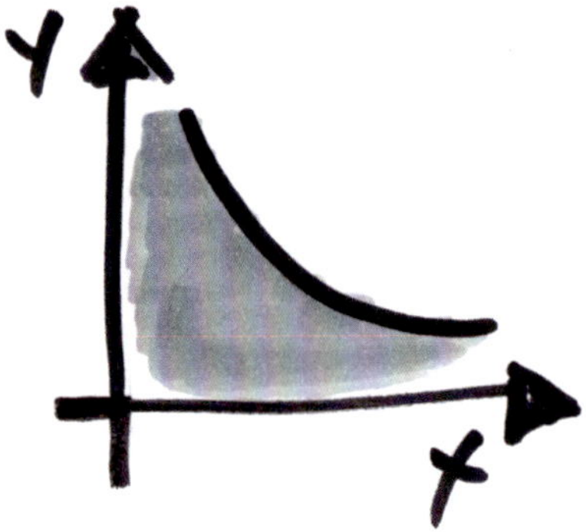

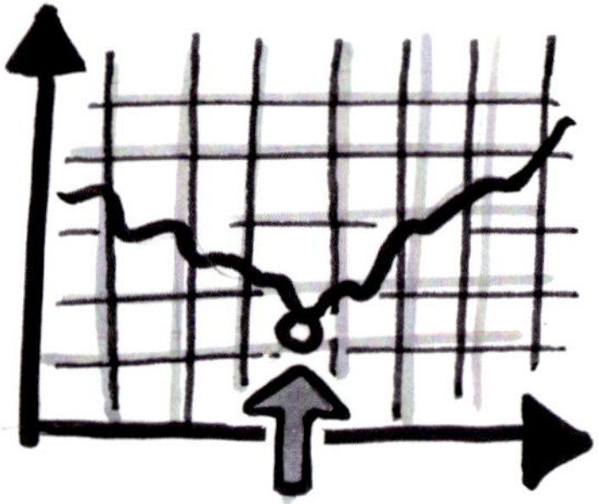

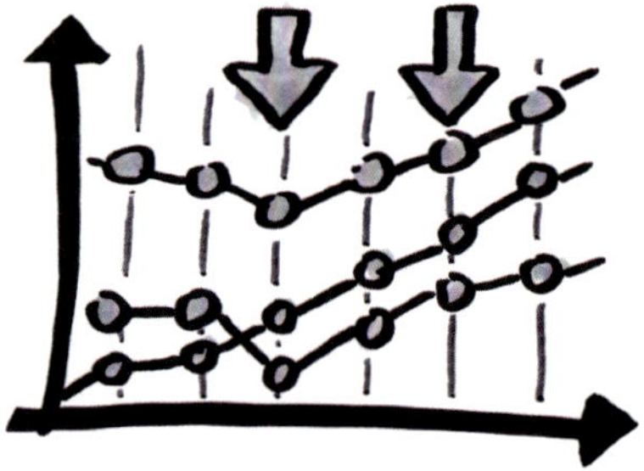

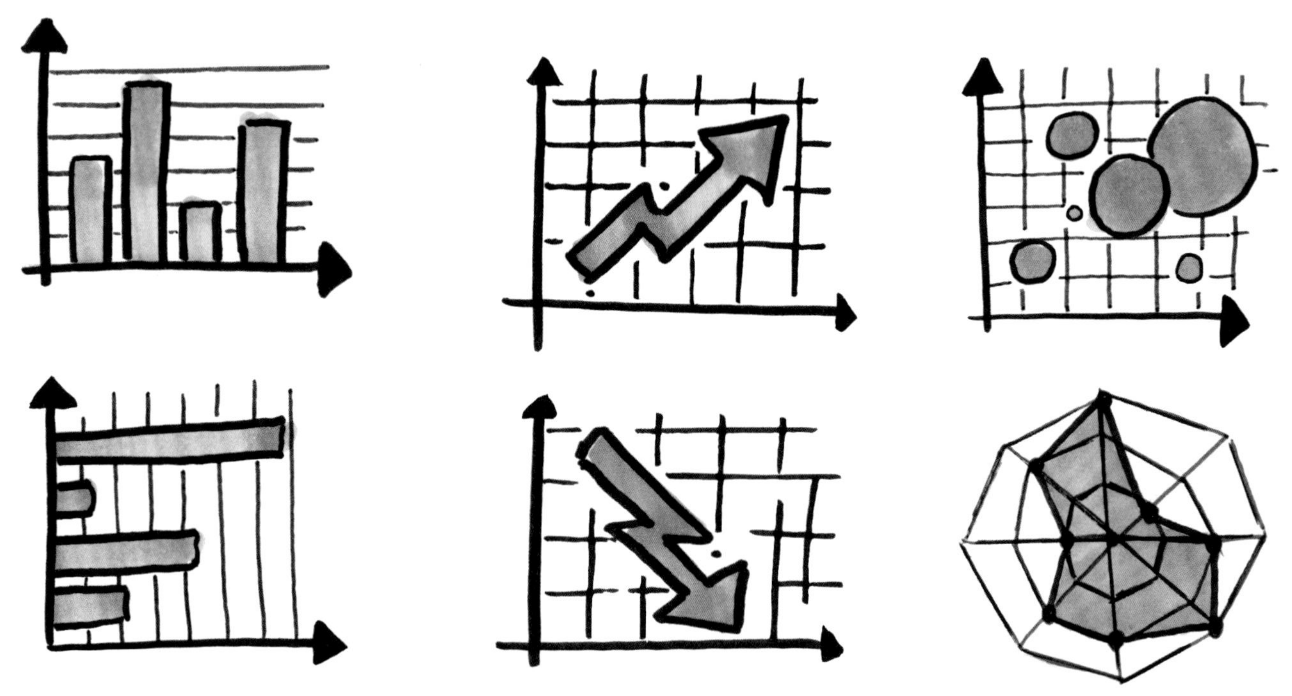

Diagramme

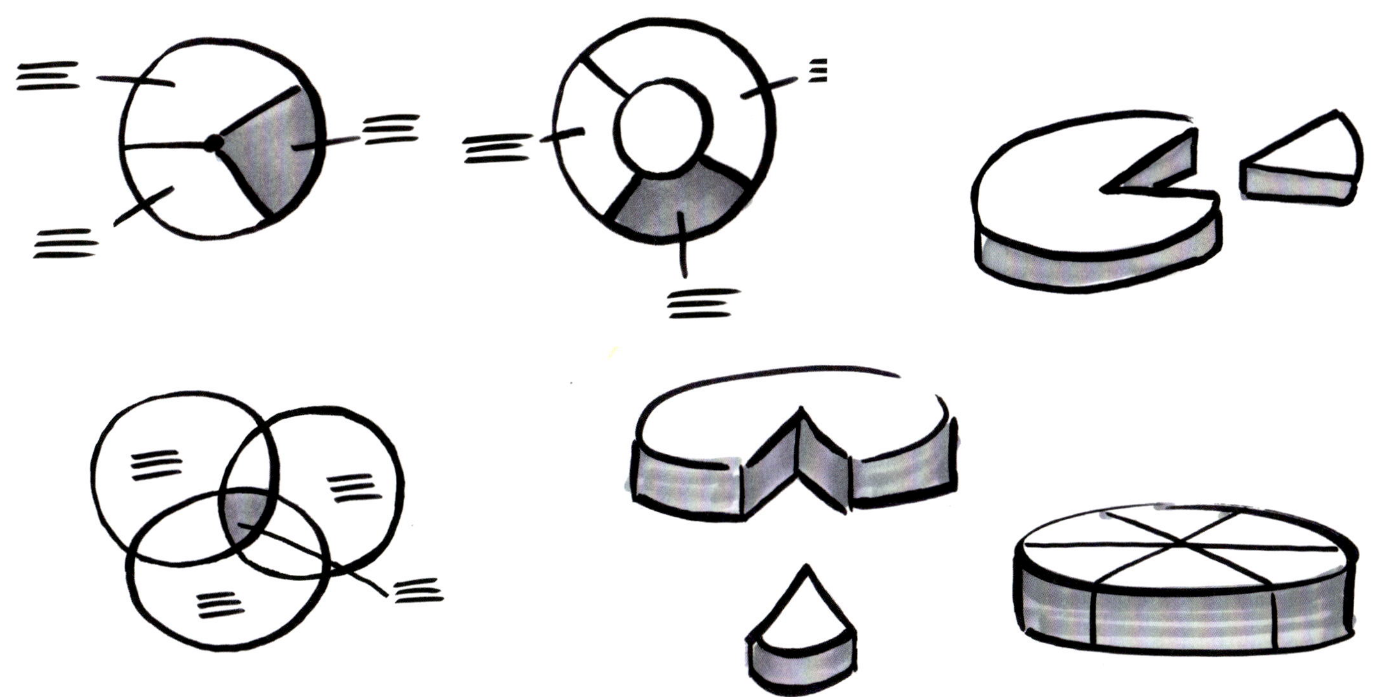

Prozesse

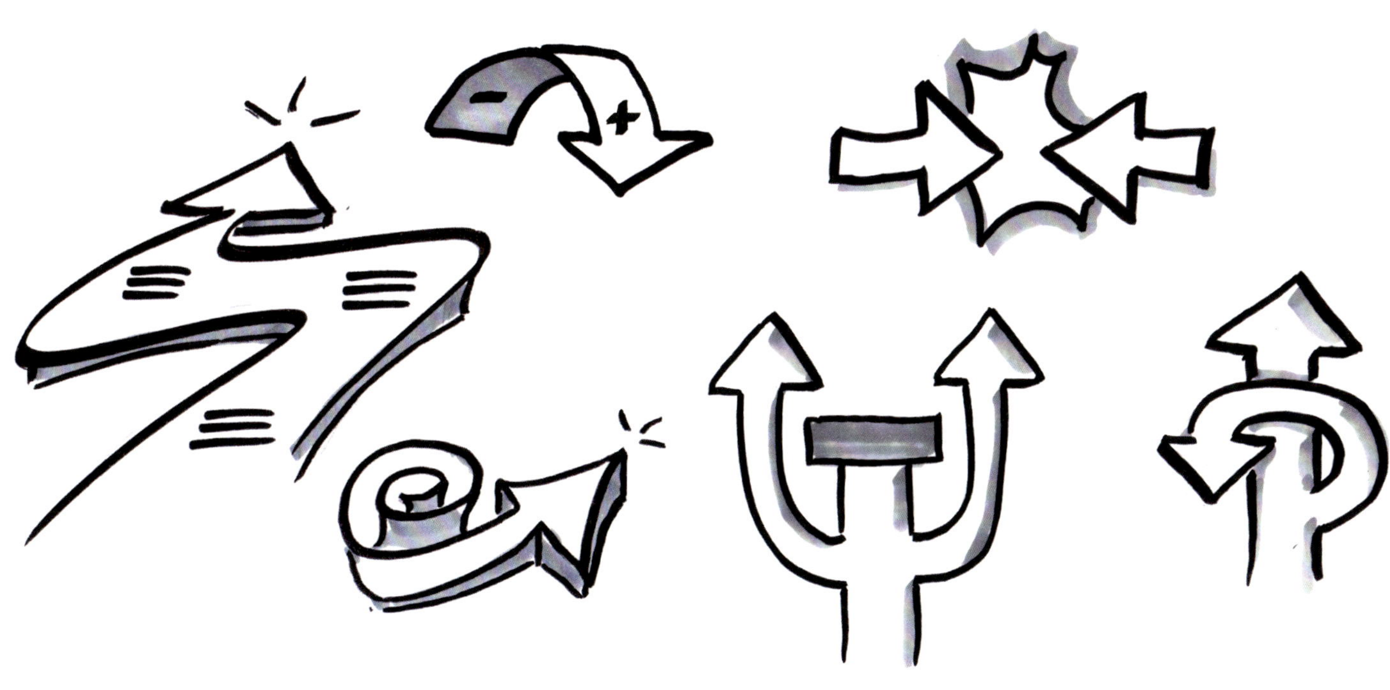

Prozesse

STEP BY STEP **Einen Kreisring zeichnen**

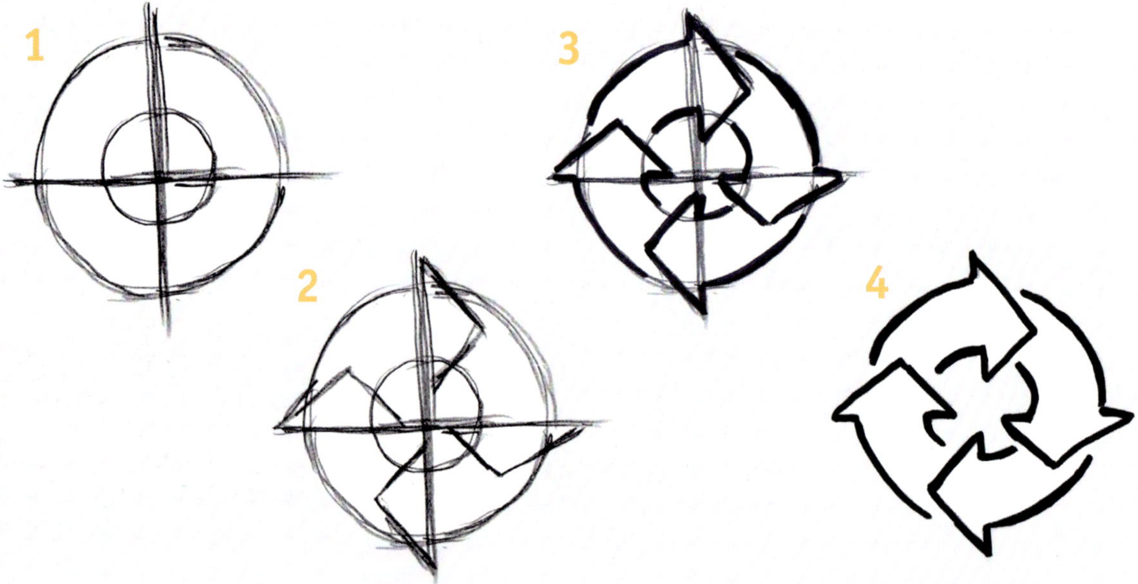

1

2

3

4

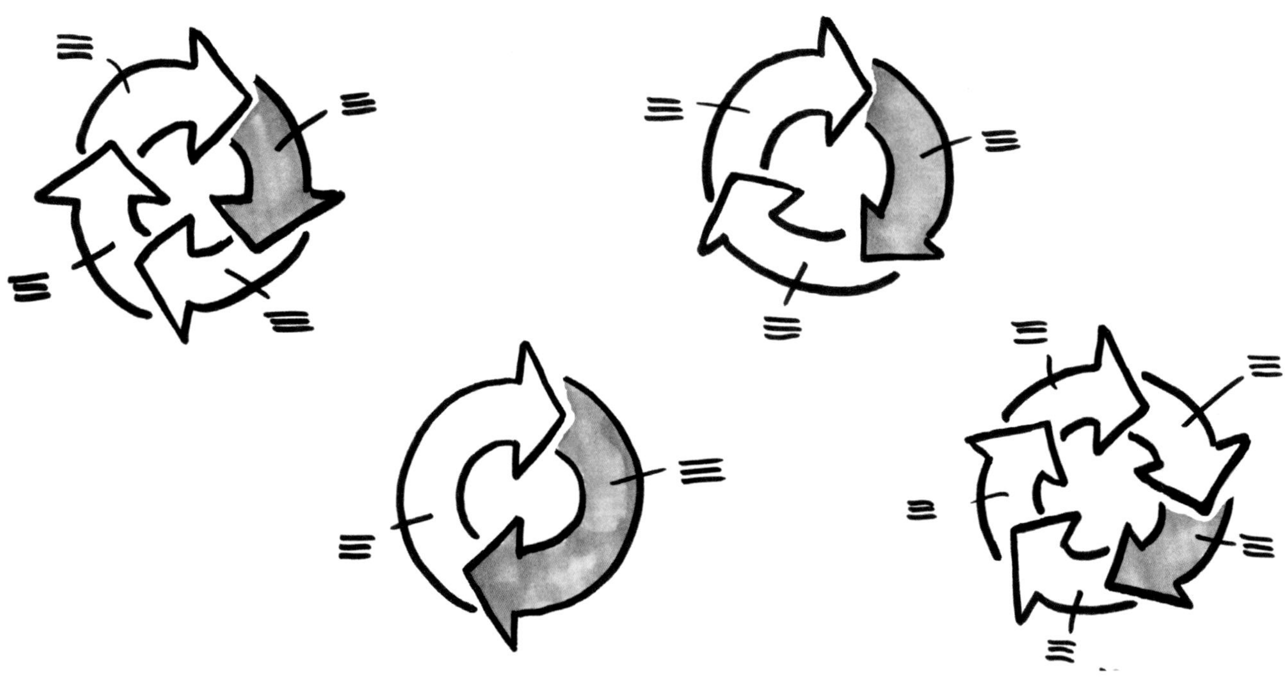

Einfache Icons

16

Einfache Icons

Einfache Icons

Formen

Aufbauwortschatz

Formen Aufbauwortschatz

Wege zum Ziel

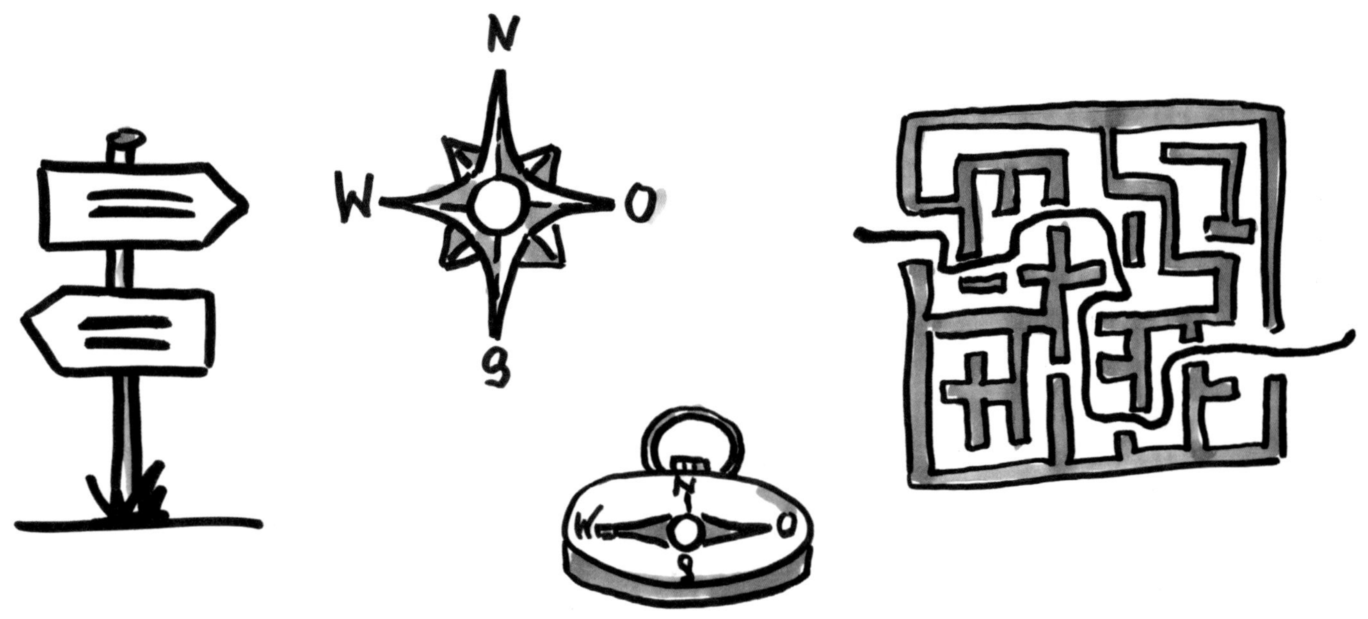
N
W
O
S
N
W
O
S

STEP BY STEP Zahnräder zeichnen

1

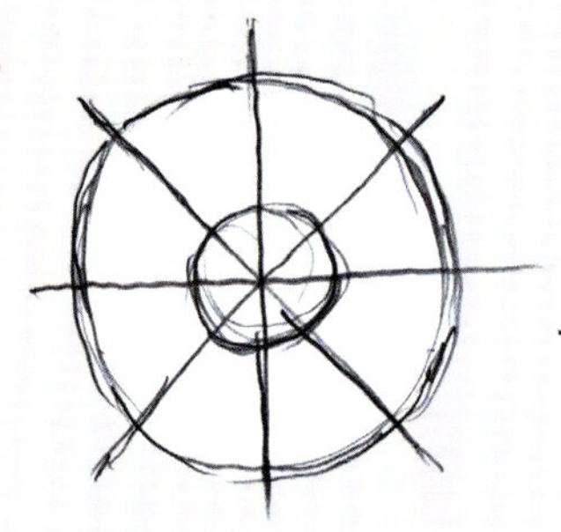

3

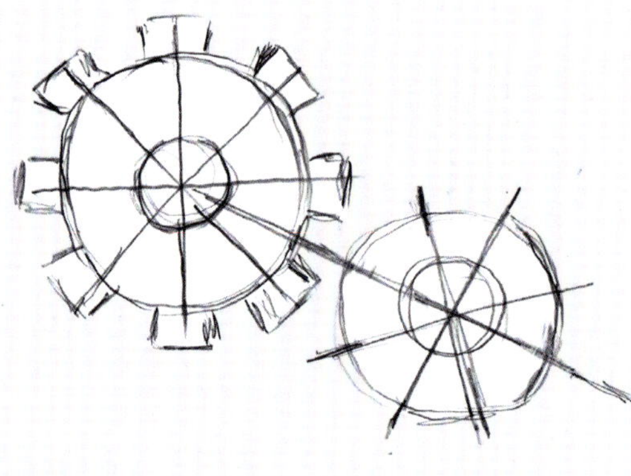

2

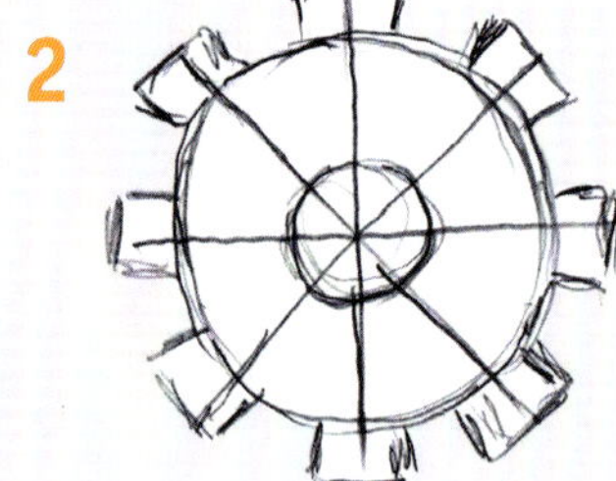

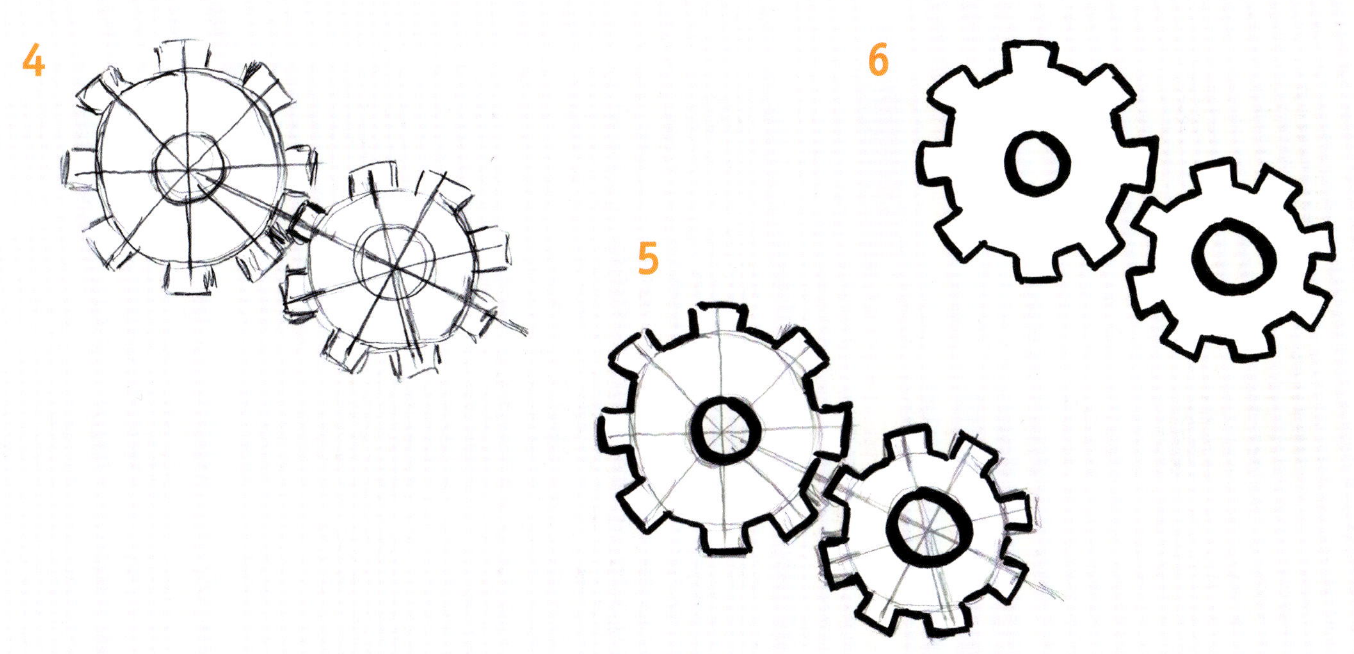
4
5
6

Wege zum Ziel

Wege zum Ziel

Wege zum Ziel

Infrastruktur

Bildung & Beruf

Haushalt

Freizeit

Natur

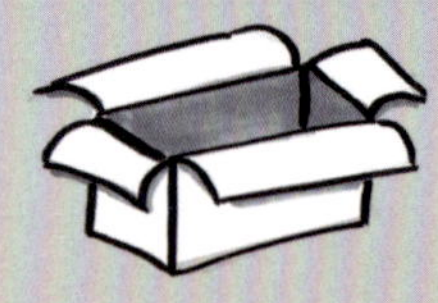

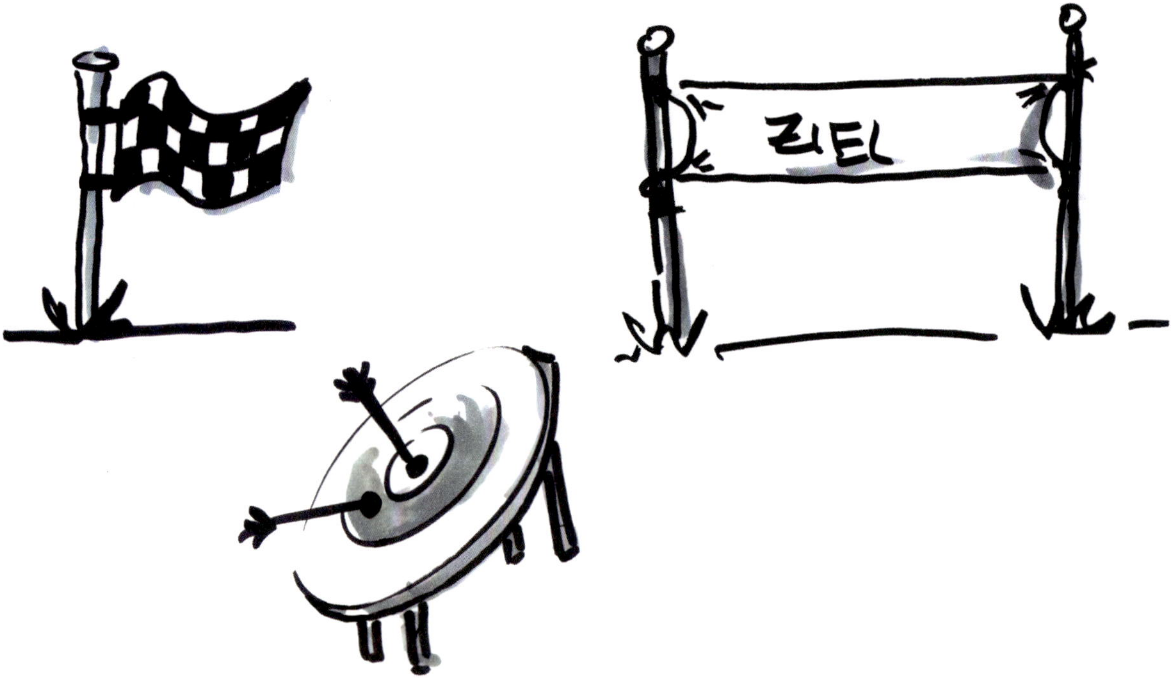

Wege zum Ziel

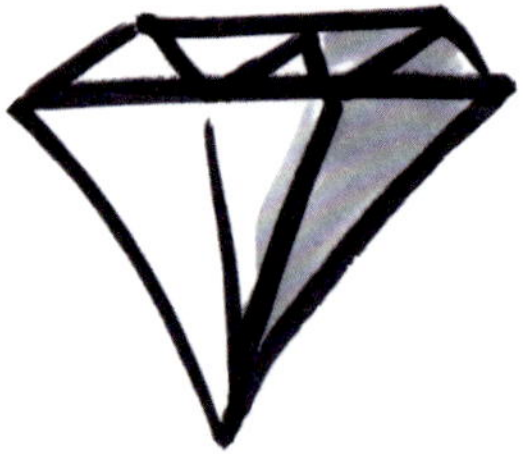

1

STEP BY STEP Eine Windmühle zeichnen

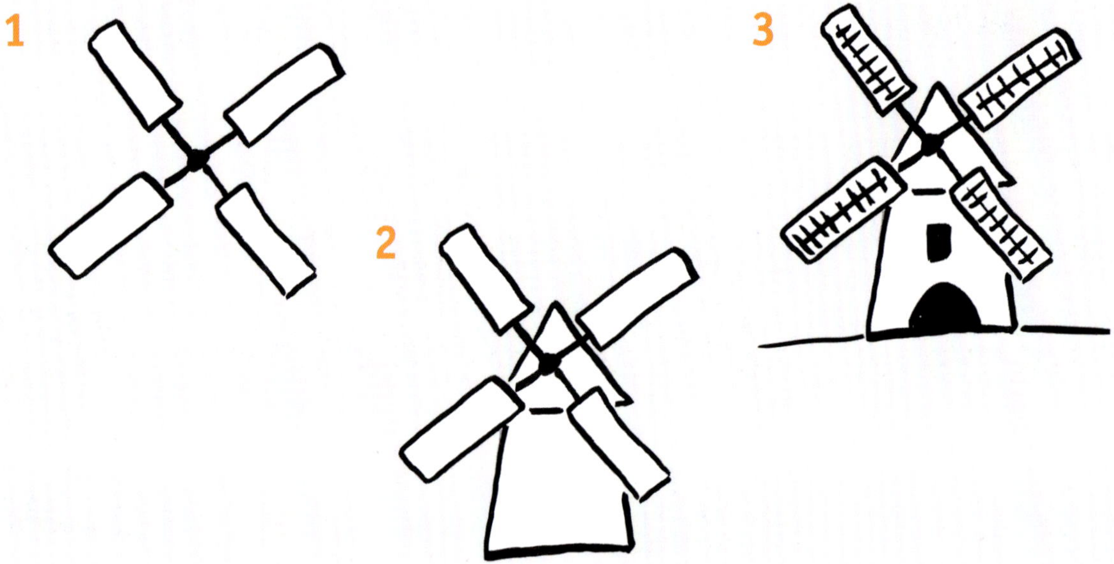

1

2

3

Infrastruktur

STEP BY STEP Ein Tandem zeichnen

1

2

3

4

Infrastruktur

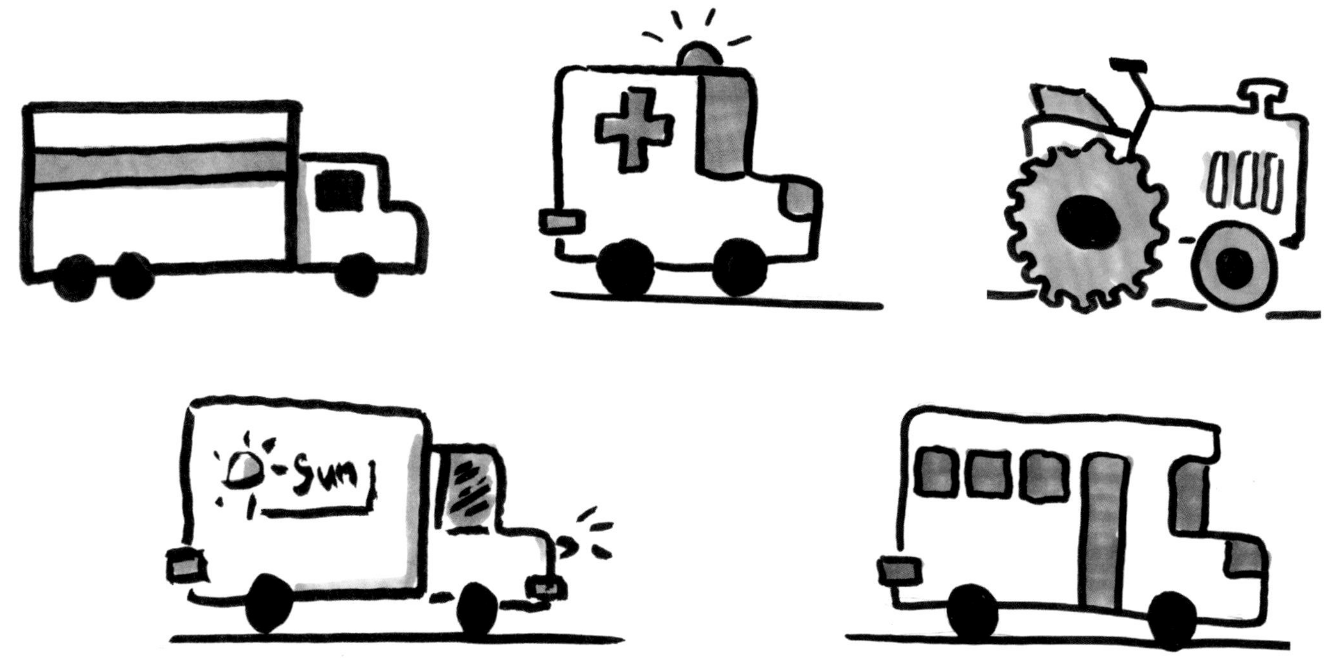
Sun

Infrastruktur

STOP

Infrastruktur

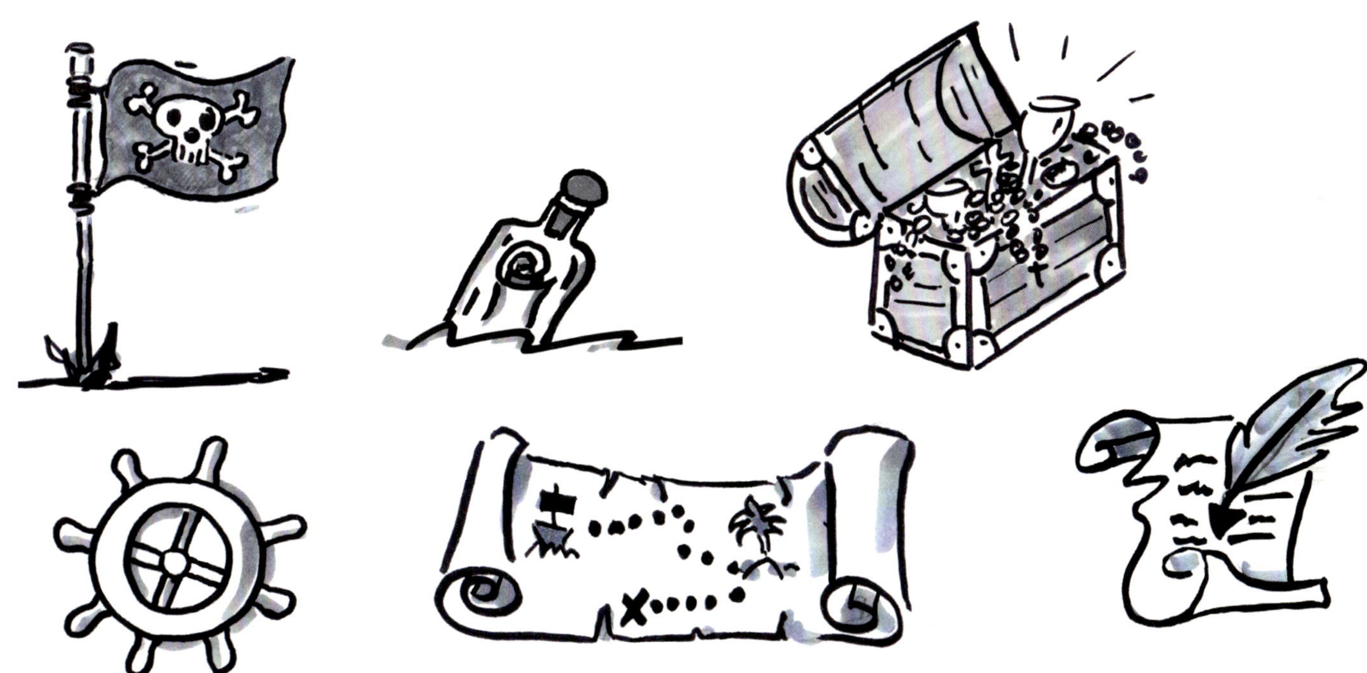

STEP BY STEP **Ein Flugzeug zeichnen**

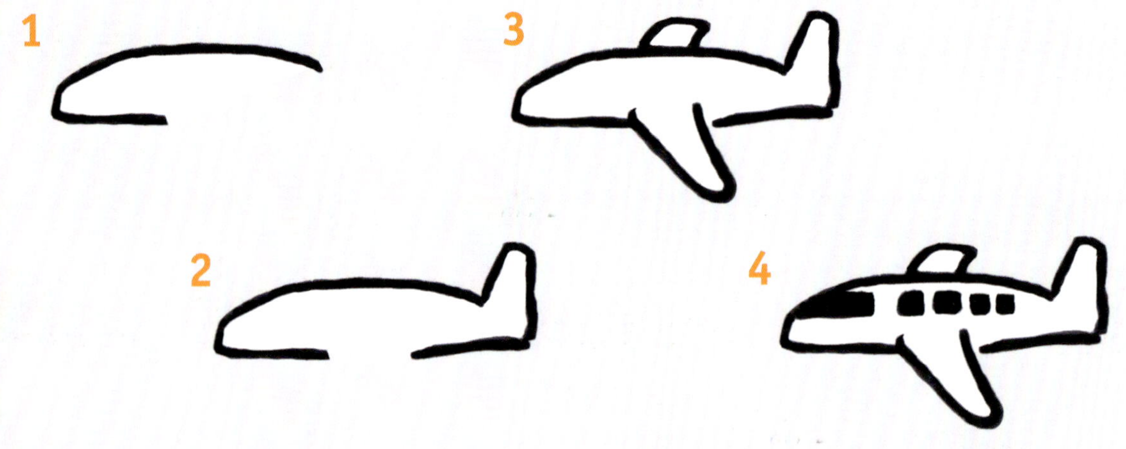

Wege zum Ziel
Infrastruktur
Bildung & Beruf
Haushalt
Freizeit
Natur

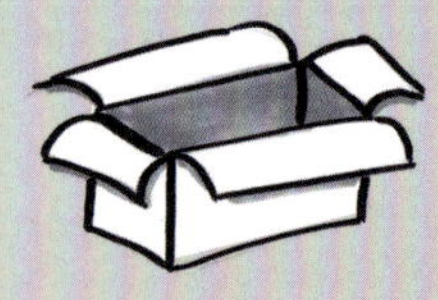

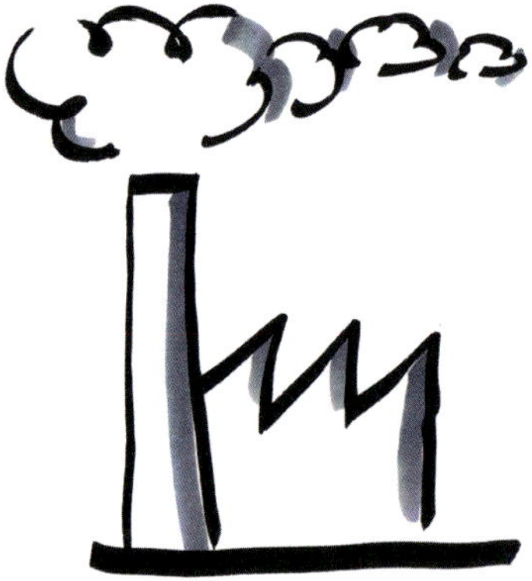

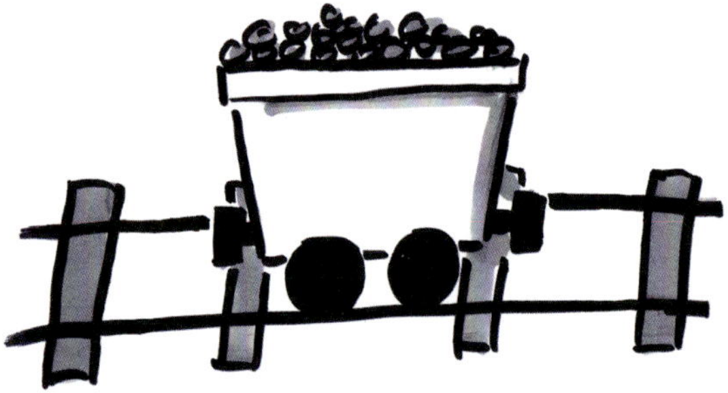

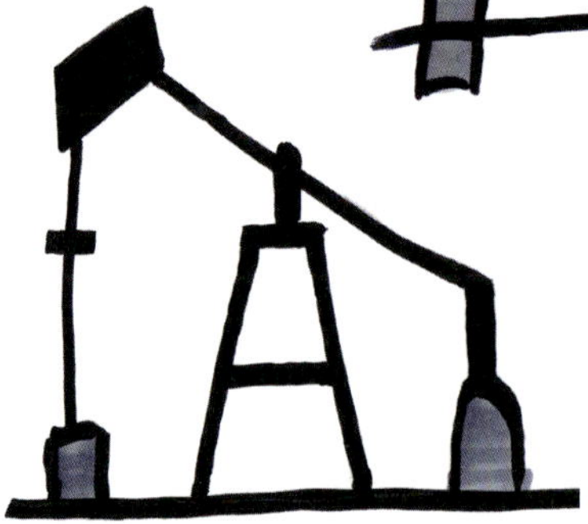

Infrastruktur

Infrastruktur

€3.99

EURO
199,-

16081967

VISA
4000 5000 6000 7000
MONI MUSTER

3.1415

Bildung & Beruf

COPIC

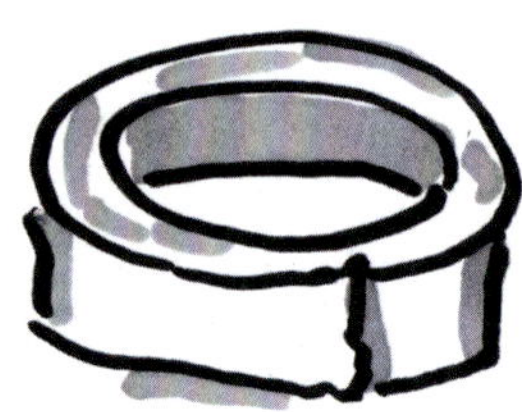

Kleber

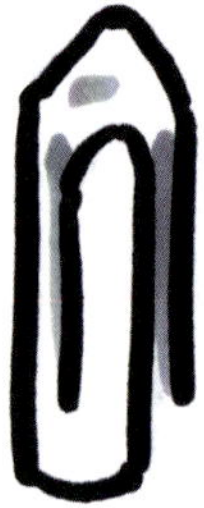

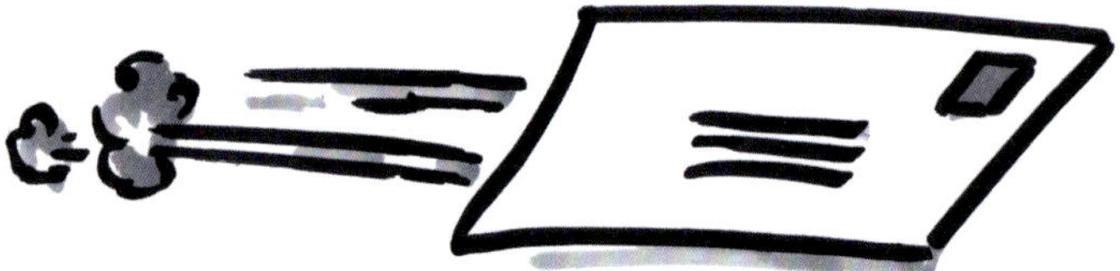

STEP BY STEP Einen Drucker zeichnen

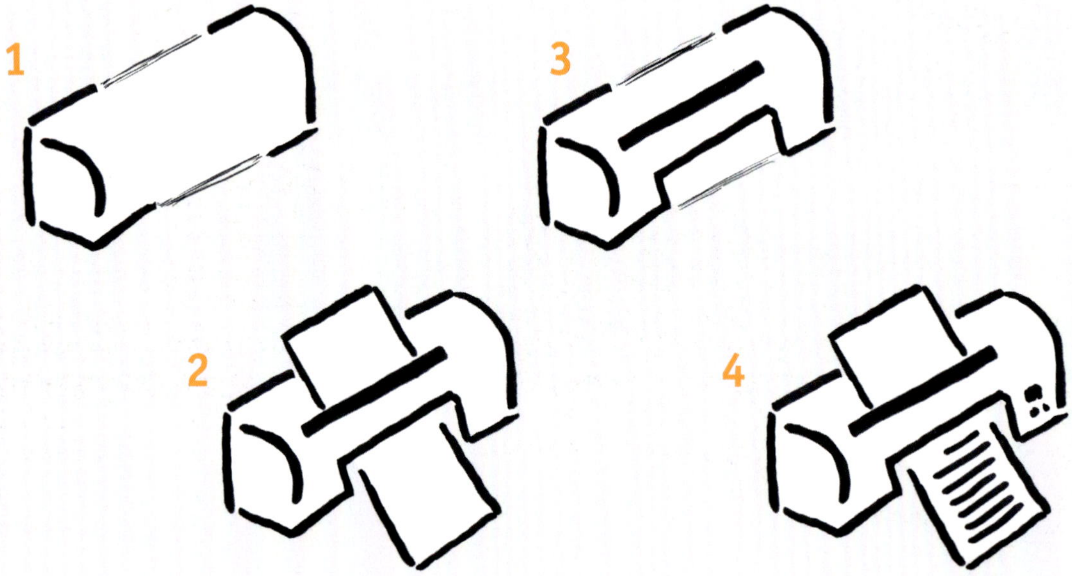

1

3

2

4

STEP BY STEP **Einen Ventilator zeichnen**

1

2

3

4

Haushalt

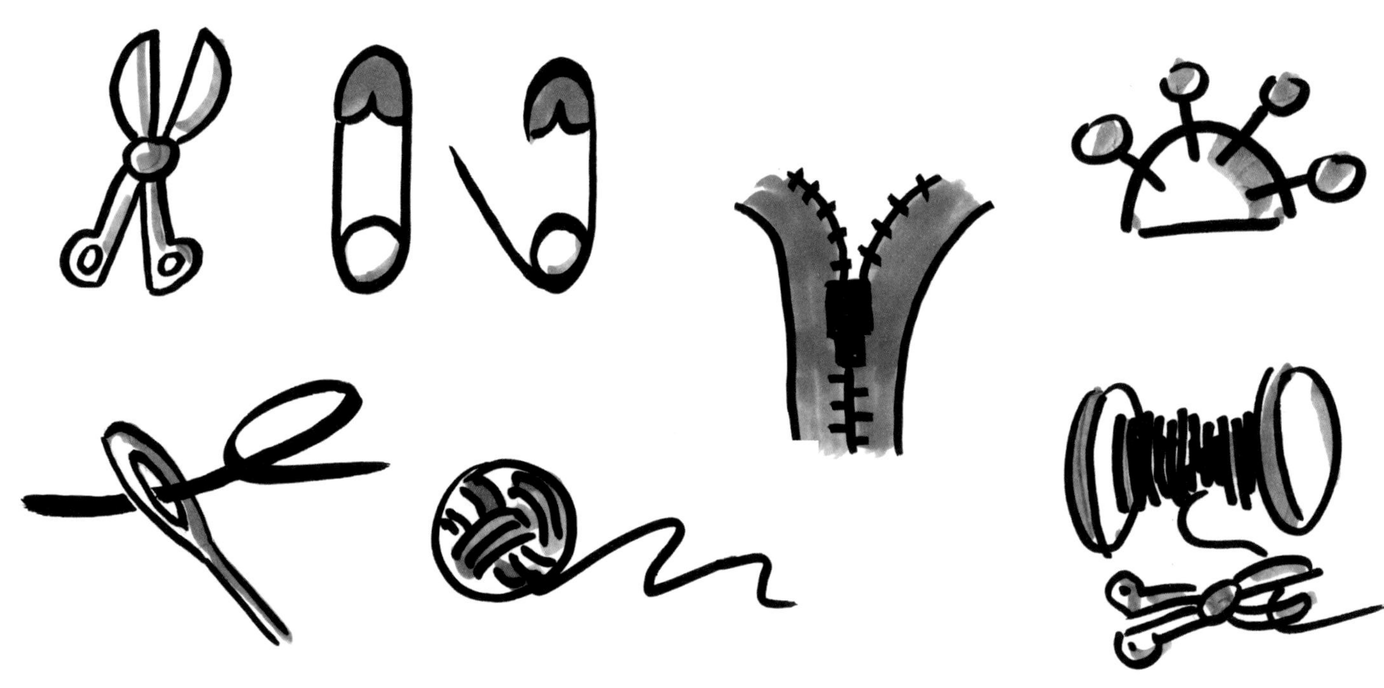

Haushalt

Wege zum Ziel

Infrastruktur

Bildung & Beruf

Haushalt

Freizeit

Natur

STEP BY STEP Eine Truhe öffnen

1

2

3

Tres
Estrellas

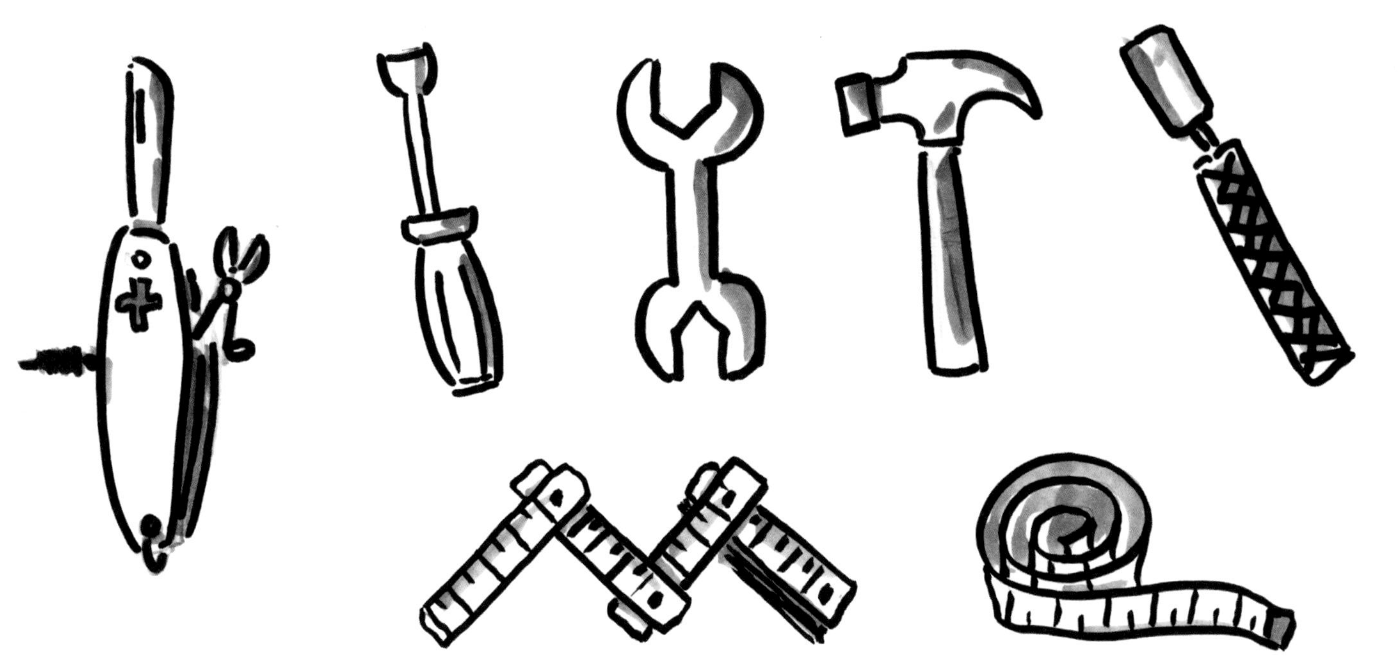

1 KG
500
300

Haushalt

COKE
Coke

STEP BY STEP **Eine geschälte Banane zeichnen**

1

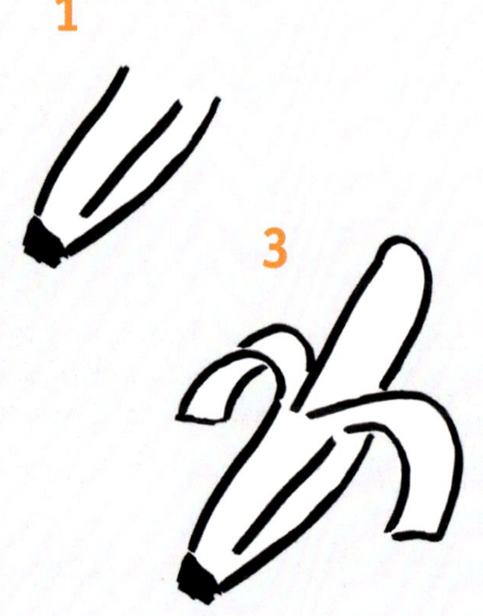

2

Wege zum Ziel
Infrastruktur
Bildung & Beruf
Haushalt
Freizeit
Natur

STEP BY STEP Einen Kürbis zeichnen

Formen
Aufbauwortschatz

Freizeit

STEP BY STEP Schachfiguren zeichnen

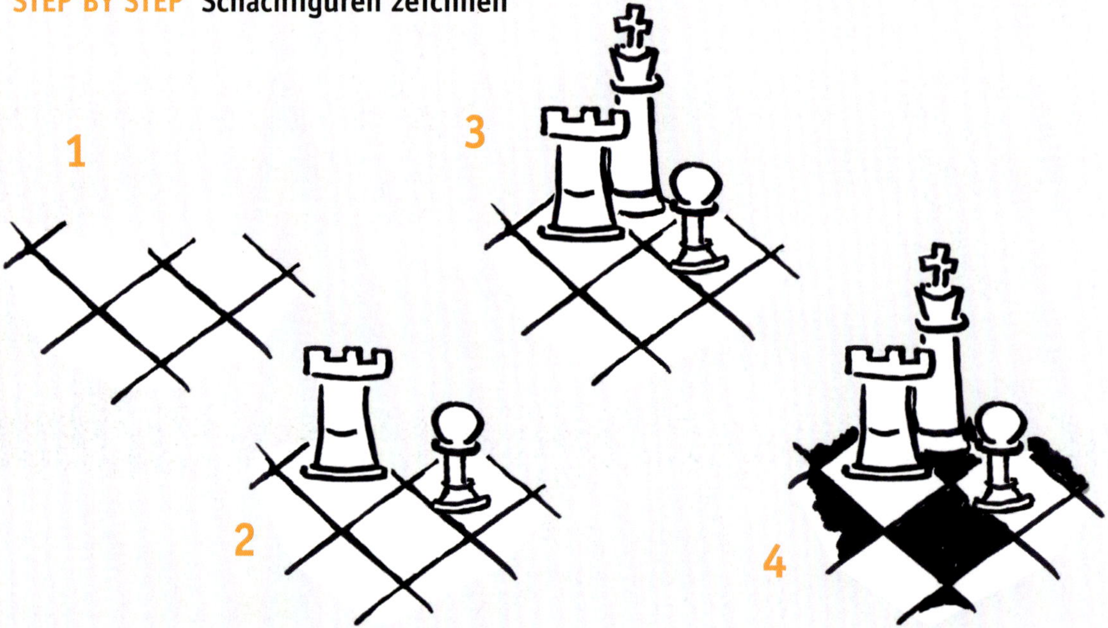

1

2

3

4

A
A
A
A

Freizeit

Freizeit

Wege zum Ziel
Infrastruktur
Bildung & Beruf
Haushalt
Freizeit
Natur

Formen
Aufbauwortschatz

Natur

Natur

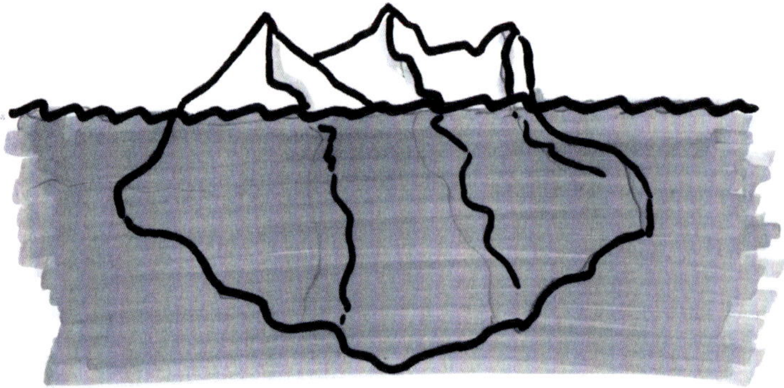

STEP BY STEP Eine Katze zeichnen

1

2

3

4

STEP BY STEP Einen Hahn zeichnen

Natur

Figuren
Grundwortschatz

Figuren Grundwortschatz

Kullermännchen

Kullermännchen

Kullermännchen

Strichmännchen

Kullermännchen

Strichmännchen

Sternmännchen

Hand & Fuß

Einfache Posen

Rollen & Berufe

LEARNING **Mimik**

Unterschiedliche Gemütszustände lassen sich durch Kombinationen von Augenbrauen und Mund darstellen. Probieren Sie es einmal aus! Sie werden dabei feststellen, dass schon die kleinsten Veränderungen zu einem völlig neuen Gesichtsausdruck führen.

Ein offener und freundlicher Gesichtsausdruck entsteht, wenn Augenbrauen und Mund sich kreisförmig um Augen und Nase bewegen.

Ein geschlossener und abweisender Gesichtsausdruck entsteht, wenn Augenbrauen und Mund sich zum Kreismittelpunkt zusammenziehen.

Sternmännchen

Kullermännchen

Strichmännchen

Sternmännchen

Hand & Fuß

Einfache Posen

Rollen & Berufe

LEARNING Allerlei über Sternmännchen

Bevor Sie ein Sternmännchen zeichnen, beginnen Sie am besten mit dem Zeichnen eines fünfzackigen Sterns – zunächst mit durchgezogenen Linien. Anschließend tauschen Sie den obereren Zackens des Sterns durch den Kopf aus. Rechts finden Sie einige Grundposen, die Sie einfach und schnell und ohne aufwendige Konstruktion sofort auf's Papier bringen können.

1

2

3

Sternmännchen

KASSE

Hand & Fuß

LEARNING Grundformen der Gestik

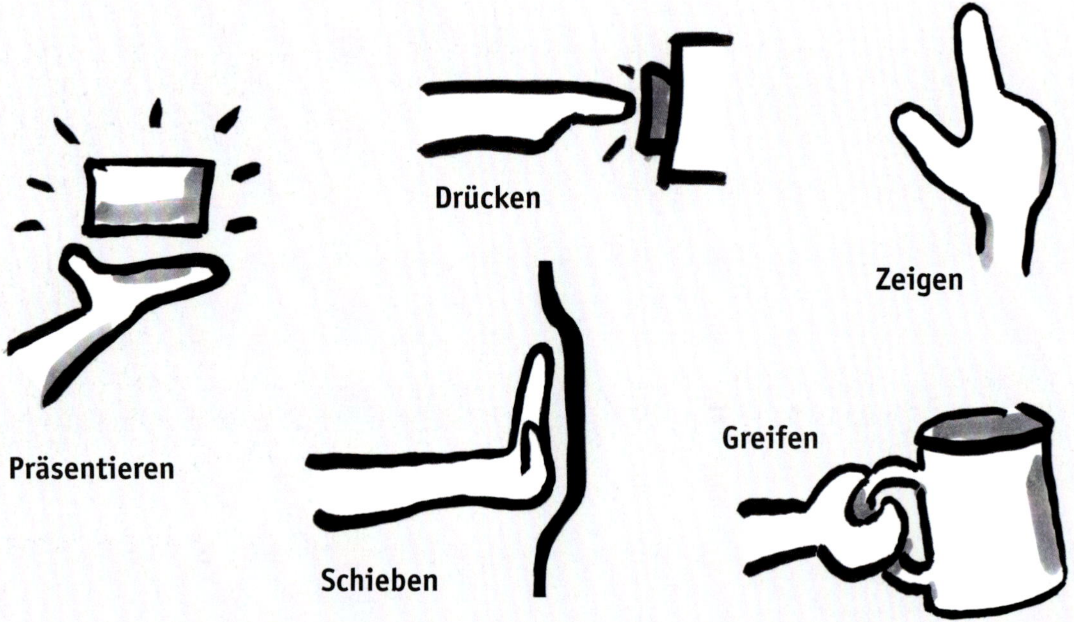

Hand & Fuß

Σ

STEP BY STEP Eine Begrüßungssituation zeichnen

2

3

1

Einfache Posen

Kullermännchen
Strichmännchen
Sternmännchen
Hand & Fuß
Einfache Posen
Rollen & Berufe

LEARNING **Posen in 360° zeichnen**

1 Frontalansicht

2 Profil

3 Halbprofil
4 Rückansicht

Einfache Posen

Schritt für Schritt **Ein entrüstetes Sternmännchen zeichnen**

1

2

3

4

Einfache Posen

Rollen & Berufe

Doktorand – Arzt – Krankenschwester – Büroangestellter – Musiker – Putzfrau – Handwerker

Rollen & Berufe

Figuren

Aufbauwortschatz

Figuren Aufbauwortschatz

STEP BY STEP Einen erhobenen Zeigefinger zeichnen

1

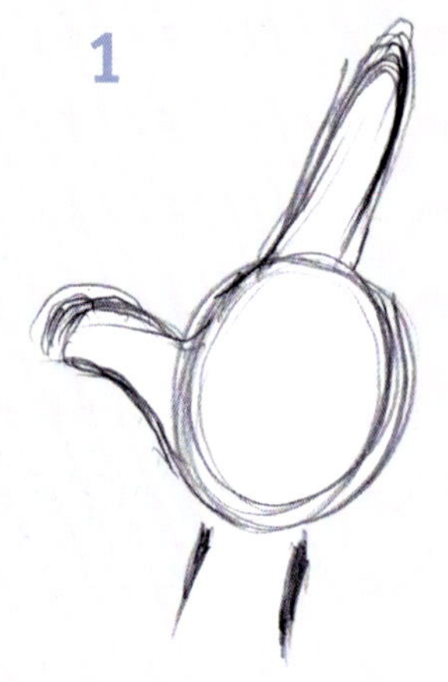

2

3

STEP BY STEP **I-heart-you zeichnen**

Komplexe Gestik

STEP BY STEP Armdrücken zeichnen

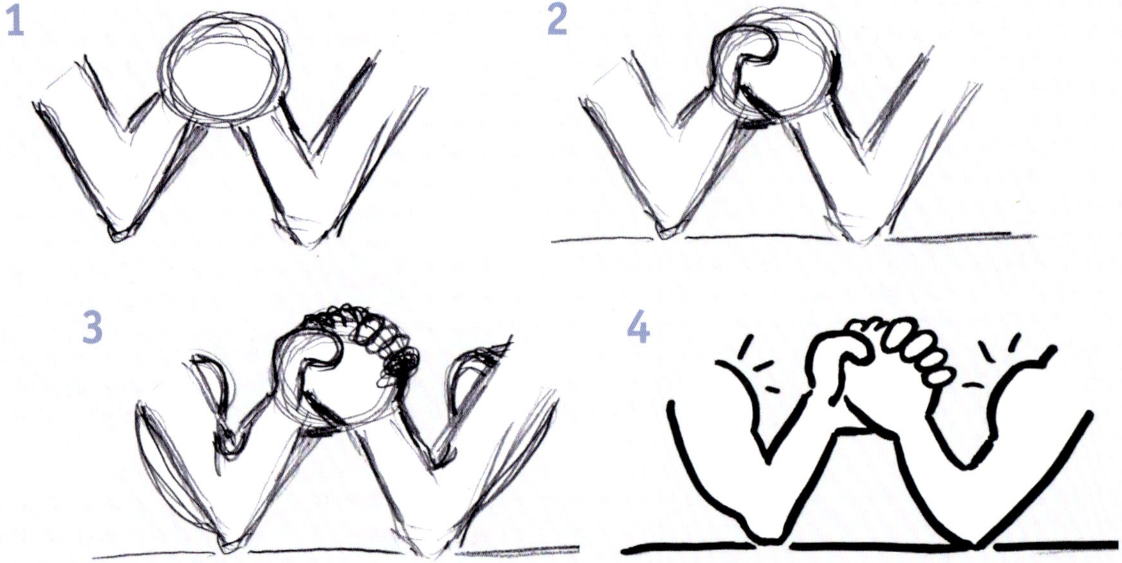

1

2

3

4

Komplexe Gestik

Komplexe Posen

In der Bildung

Im Beruf

Im Haushalt

In der Freizeit

STEP BY STEP **Einen Ober zeichnen**

1

2

3

4

Komplexe Posen

Komplexe Posen

STEP BY STEP **Einen Menschen im Ausguck zeichnen**

1

2

3

Komplexe Posen

STEP BY STEP **Einen laufenden Menschen zeichnen**

Komplexe Posen

STEP BY STEP **Einen Menschen auf dem roten Teppich zeichnen**

1

2

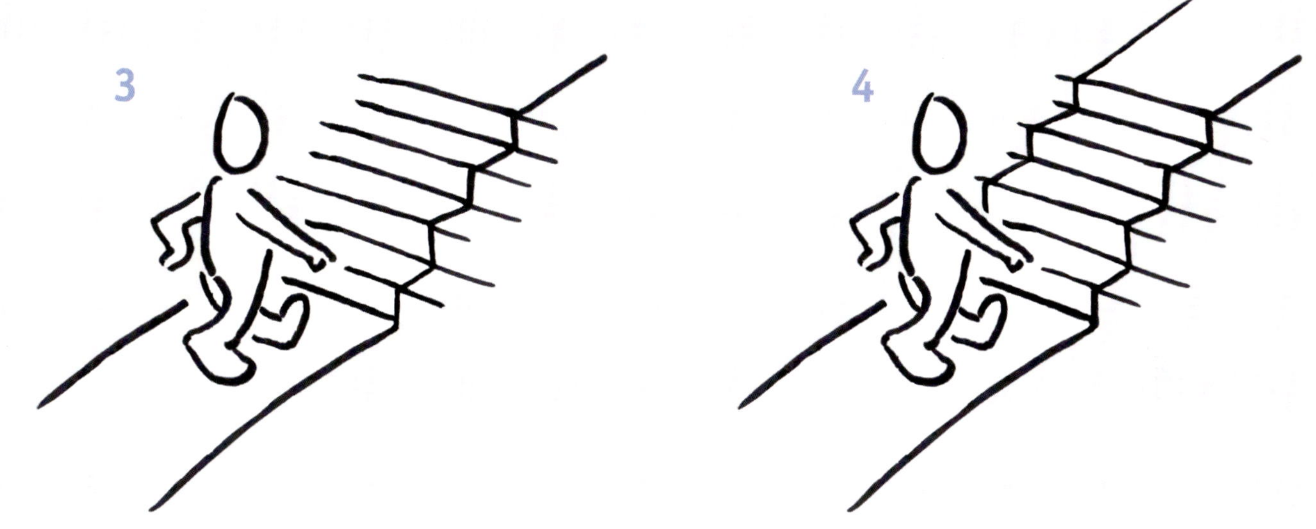
3
4

Komplexe Posen

STEP BY STEP **Einen sitzenden Menschen zeichnen**

1

2

3

STEP BY STEP **Einen Postboten auf einem Fahrrad zeichnen**

1

2

3

4

Im Beruf

SALE
OPEN

Im Beruf

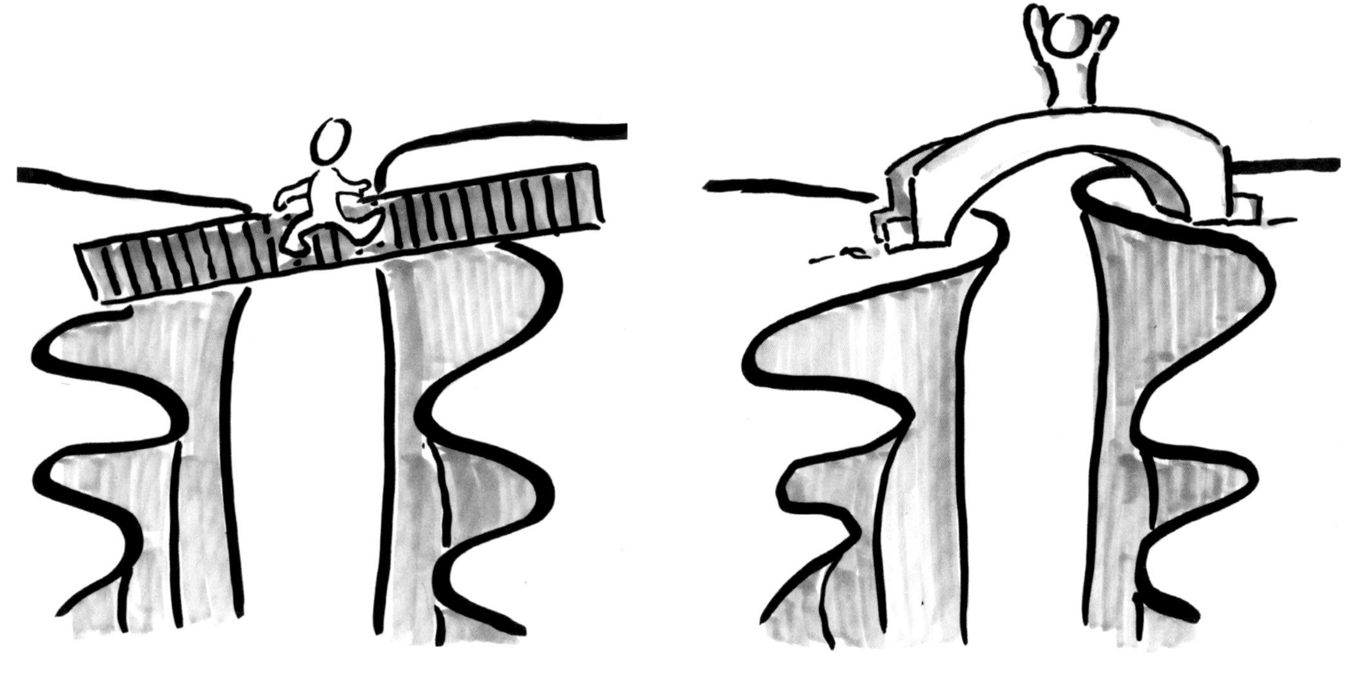

Im Beruf

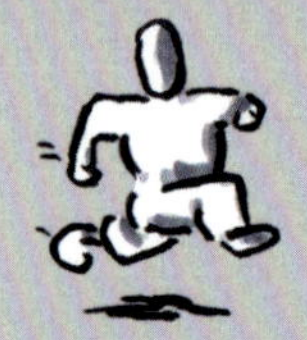

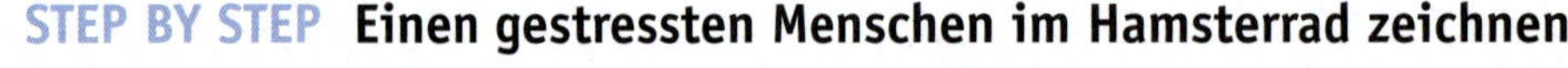

STEP BY STEP **Einen gestressten Menschen im Hamsterrad zeichnen**

1

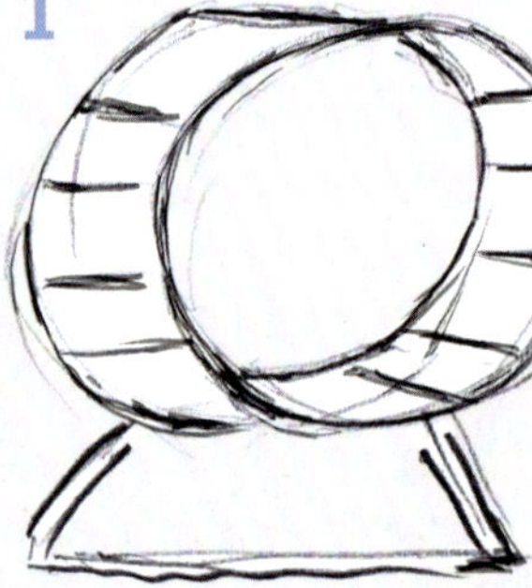

2

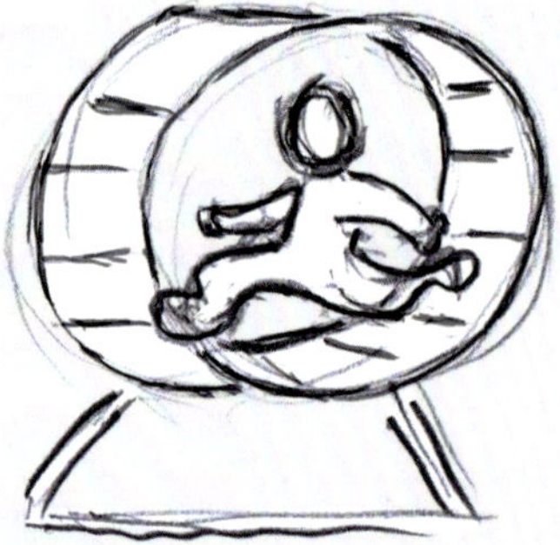

3

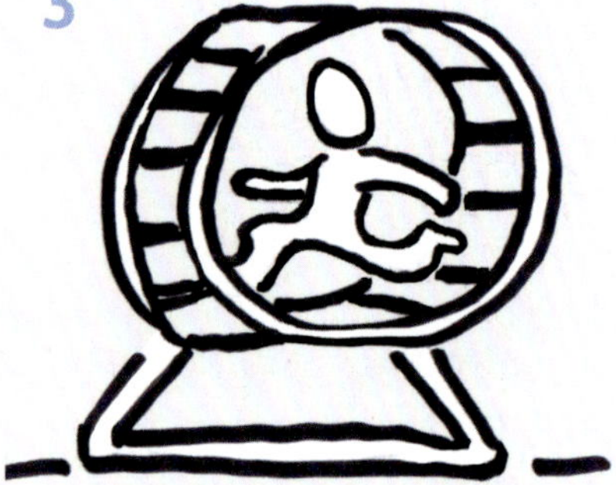

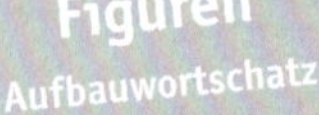

Im Haushalt

Im Haushalt

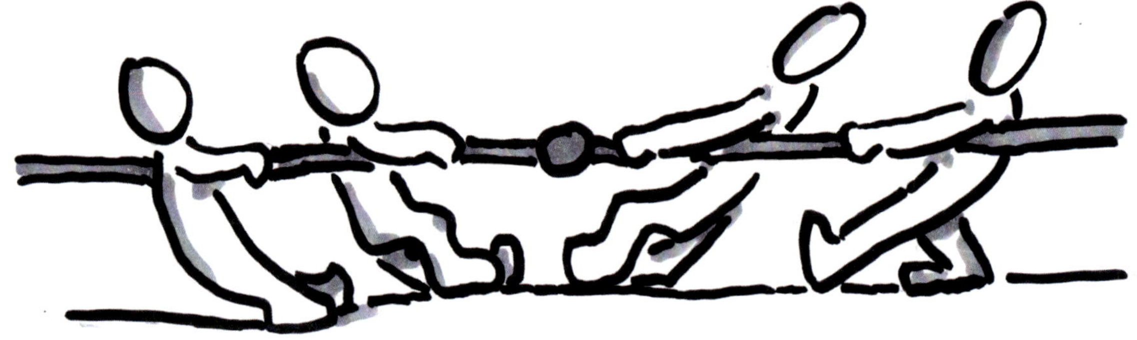

STEP BY STEP **Eine Fußballmannschaft zeichnen**

2

1

3

4
5

In der Freizeit

In der Freizeit

10m

In der Freizeit

In der Freizeit

In der Freizeit

In der Freizeit

STEP BY STEP Einen Gitarrespieler zeichnen

1

2

3

STEP BY STEP Einen Kontrabassist zeichnen

1

2

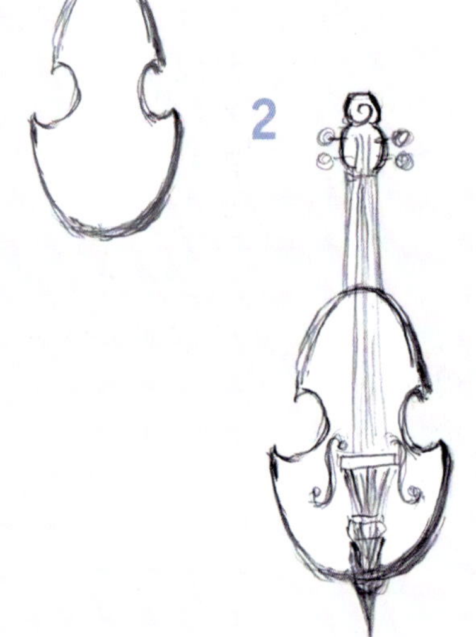

3

4

STEP BY STEP **Einen entspannten Zeitungsleser zeichnen**

1

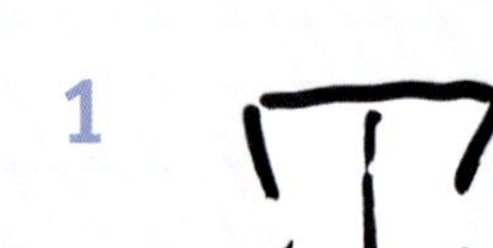

2

3

4

5

In der Freizeit

Ende

ABC

Index Bilder & Symbole von A bis Z

Index

A

Abakus 97
Abgrund 20,21,226f
Abläufe 46
Abzweigung 29,47,160
Achtung-Schild 25,51,80,160
Aktenvernichter 105
Amors Pfeil 29
Ampel 51,67,80
Angel 130,247
Angler 247
Anker 51,83
Apfel 123
Arktis 141
Armbanduhr 112
Armdrücken 177,198,199
Arzt 165,188
Atomkraft 52,53,89

Atomkraftwerk 89
Aubergine 125
Auge 55
Auto 51,78f,212

B

Bär 155
Bahn 81
Bahnschienen 81,88
Balance 95,118
Ballastabwurf 245
Ballon 37,50
Banane 122,123
Bank 131
Banknoten 95
Banner 38f
Barcode 94
Basketball 128,235
Basketballkorb 128,235
Basketballspieler 235
Bauarbeiter 201,232
Baum 55,143,146
Beamer 101
Belegschaft 163
Berg 59,69,140,144f
Berggipfel 69,144
Bergkette 145
Besteck 54,119
Bierkrug 121
Big Ben 137
Bilderrahmen 27,35,50,107,191
Billardspieler 249
Blatt 55,91
Bleistift 96
Blitz 29,138
Blume 55,147

Index

Bombe 37,50,66
Bonbon 127
Bonsai 146
Boxer 186
Boxhandschuhe 128,174
Brainstorming 161
Braunkohle 88
Brezel 127
Briefumschlag 27,53
Brille 23,50,60,112
Brücke 227
Buch 33,53,99,160
Bücherstapel 99
Büroausstattung 102f
Büroklammer 102
Büroarbeit 222
Bulle 155
Burg 75

Bus 79

C
Campingwagen 78
Checkliste 33
Colabecher 121
Coladose 121
Computer 52, 92, 105

D
Dampfer 51, 83, 84, 163
Demonstranten 173
Denkwolke 36, 50, 159, 161
Diagramm 21, 27, 42ff
Diamant 25, 51, 70
Dieb 191
Dirigent 189
Diskette 52, 105
Doktorand 167, 188
Doktorhut 53, 71, 167, 188
Dokument 32, 33, 85
Dreiecke 24ff
Drucker 52, 104, 105

E
Ei 127
Eiffelturm 137
Einfamilienhaus 72
Einfall 22, 23, 37, 52, 159, 161, 202
Einkaufswagen 54, 213
Eistüte 127
Eisbär 155
Eisberg 144
Eisscholle 225
Elefant 154
Elektroauto 91

Index

Elektrostecker 89
E-Mail 102
Emotionen 166,168f
Engel 164,224
Energiesparlampe 91
Entscheidung 224f
Entspannung 130f,167,254ff
Esel 151
Espressokocher 120
Euro 94

F

Fabrik 88
Faden 21,111,161
Fahne 39
Fahrrad 51,77
Fahrradfahrer 217,218f
Familie 229

Fass 115
Faust 199
Fechter 241
Feder 85
Feile 117
Fenster 106
Fensterputzer 230
Fernrohr 50,179,207
Fernseher 53,93
Filmkamera 54,134
Filmrolle 54,135
Filmstreifen 54,134
Fisch 152,247
Flasche 54,121
Flaschenpost 85
Flipchart 27,53,101,221
Flipchartpapier 100
Flugzeug 51,86,87
Fotoapparat 54
Fotograf 248
Fotovoltaikanlage 90
Franzose 191
Fremdbestimmung 229
Frosch 153
Funkturm 52
Fuß 55,175
Fußball 54,129
Fußballmannschaft 237,238f
Fußfessel 186,203

G

Gabel 54,119
Gardine 106
Garnrolle 111,161
Gartenarbeit 233
Geier 155

Index

Geige ... 251
Gefangener ... 186, 203
Gefühle ... 166, 168f
Geldsack ... 52, 95
Geldscheine ... 52, 95, 223
Geschäftsmann ... 189
Geschenkpaket ... 51, 115
Gesichtsausdrücke ... 168f
Gestik ... 176f, 194ff
Gewichte ... 118
Gewichtheber ... 165, 203
Giraffe ... 154
Gitarre ... 130, 251
Globalisierung ... 136, 173
Globus ... 136
Glühbirne ... 22, 23, 37, 52, 109, 159, 161, 202
Goldfischglas ... 106
Golfspieler ... 234

Gruppe 158, 162f, 173

H

Hängematte 131, 255
Hahn 150, 151
Hai 153
Haifischflosse 153, 224
Hamburger 127
Hammer 53, 63, 117, 179
Hamsterrad 228, 229
Hände 55, 174, 176ff, 194ff
Handschlag 177, 180, 181, 198, 199
Handout 32
Handspiegel 54, 112
Handtasche 113
Handwerker 189
Handy 52, 93
Hantel 128
Haus 53, 72
Hausarbeit 230f
Heißluftballon 87, 245
Himmelsrichtungen 61
Hindernis 67
Hochhaus 73
Hochspringer 242
Horizont 21
Hubschrauber 51, 87
Hürdenläufer 242
Hund 55, 149
Hut 53, 113

I

ICE 81
Idee 22, 23, 37, 52, 159, 161, 202
Infoblatt 32
Igel 149

Index

Iglu 75
Insel 141,159,224,256
Isolation 224,225

J
Jongleur 178

K
Käseecke 25,127
Kaffeetasse 54,120
Kaktus 147
Kalender 51,62,63
Kamel 154
Karateka 172
Karteikasten 103
Karton 26,27,115
Kasse 52,95
Katze 148,149

Kegel 128,249
Kegler 249
Kerzenständer 109
Kettenglieder 50
Kinderwagen 77
Kirche 75
Kiste 115
Klebstift 100
Klemmbrett 33
Kletterer 244
Knoten 83
Koch 191
Kochtopf 119
Koffer 54,113
Kofferträger 244
Kommode 107
Kompass 61
Kontrabass 252,253
Konflikt 29,47,174
Korkenzieher 119
Kraft 165,187
Kraftwerk 89
Krake 153
Kran 73
Krankenschwester 165,188
Krankenwagen 79
Kreditkarte 94
Kreise 22f
Kreisprozess 48f
Kreppband 100
Kreuzung 225
Krone 51,70
Kuh 55,151
Kullermännchen 23,55,158ff
Kürbis 124,125

Index

L

Labyrinth 61
Lagerfeuer 246
Lampe 109
Landhaus 142
Landwirt 190
Laptop 52,101,105
Lastwagen 51,79
Läufer 208,209
Lautsprecher 52
Leinwand 101
Leiter 233
Leuchtturm 51,83
Lineal 96
Linien 20f
Liste 25,33
Litfaßsäule 34,35,92
Löffel 54,119

Löwe 154
Löwenzahn 147
Lorbeerkranz 51,70
Lore 88
Luftballon 37,50
Lupe 50,60,97,206

M
Magnet 53
Maler 233
Malerrolle 116,233
Marionette 229
Marker 100
Maske 54
Maßband 117
Mauer 66
Maulschlüssel 117
Meditation 255
Mehrfamilienhaus 72
Messbecher 118
Messer 54,119
Mikroskop 97
Milchtüte 120
Mimik 168f
Möhren 125
Mönch 190
Möwe 153
Moped 77
Motorroller 77
Mülltonne 53,116
Münzen 52,95
Musiker 250ff
Mut 226,243

N
Nadelkissen 111

Index

Nadelör 21,111
Netz 53,162
Nonne 190
Noten 54
Notizzettel 32,33
Nudelholz 119

O

Ober 200,201
Obstkorb 123
Ökokreislauf 91
Ölförderpumpe 88
Ofen 107
Ohr 55
Ordner 53,103,222
Organigramm 27
Orientierung 60f

P

Paket ... 115
Palme ... 55,146,224,256
Papierblatt ... 25,27,32,50
Papierrolle ... 31,33,41,50
Papierboot ... 83
Papierstapel ... 32
Parkbank ... 131,167,257
Pfeile ... 28f
Pflanzen ... 146f
Pilz ... 147
Pinnwand ... 101,221
Pinnwandnadeln ... 100
Pinsel ... 116
Piratenflagge ... 85
Plan ... 179
Pokal ... 71
Posen ... 165ff,171,182ff,200ff
Postkarte ... 102
Postbote ... 217,218f
Preisschild ... 94
Prozesse ... 46f
Präsentation ... 200ff,220
Prügelei ... 174
Putzfrau ... 189
Putzeimer ... 116
Puzzleteil ... 44,46,50,133,179,221
Pylon ... 80
Pyramide ... 25,44,50

R

Radio ... 93
Rahmen ... 27,35,50,107
Rakete ... 87
Rasenmäher ... 233
Reagenzglas ... 53,97

Index

Redner 220
Regenschirm 53,113,245
Regenwolke 55,138
Regieklappe 54,135
Regiestuhl 134
Reihenhaus 72
Reißverschluss 111
Rettungsring 23,51,83
Rettungswagen 79
Rollenkonflikt 229
Rosette 70
Ruderer 247

S

Sackgasse 47
Säulen 52,137
Sanduhr 24,25,51,63
Saxophon 253

Schachfigur 132, 133, 181, 215
Schachspieler 181, 215
Schaf 151
Schatzkarte 85
Schatztruhe 85, 114
Schere 53, 100, 111
Scheinwerfer 135
Schieben 213f
Schiff 51, 83f
Schilder 35, 59, 257
Schildkröte 149
Schlagzeug 251
Schlüssel 112
Schmetterling 149, 248
Schmetterlingsfänger 248
Schnecke 149
Schneewolke 55, 138
Schornsteinfeger 191, 217
Schraubendreher 117
Schreiber 215
Schreibtischlampe 109
Schriftrollen 31, 33, 40f, 50
Schritte 175
Schubkarre 232
Schublade 103
Schulbus 79
Schwein 151
Schweizer Messer 117
Segelboot 25, 51, 83, 84, 163
Seiltänzer 226
Selbstkompetenz 158
Selbstreflexion 158
Seminarausstattung 100f
Sozialkompetenz 158
Seil 83
Sektglas 71, 121

Index

Sessel 254,255
Sicherheitsnadel 111
Sieb 119
Siegerpodest 70,203
Sitzen 214ff
Skifahrer 240
Skyline 21,58
Skript 33,98
Sofa 107
Sonne 23,55,138
Sonnenblume 147
Sonnenbrille 23,50
Sonnenschirm 131
Sparschwein 94
Spiegel 54,112,158
Spiele 133f
Spielfigur 133
Spielkarten 133

Spiralen 30f
Sport 128f
Sprechblasen 23,36f,50,159ff
Standuhr 106
Steilküste 82,141
Stern 50,71,170
Sternmännchen 55,136,170ff
Steuerrad 85
Stier 155
Stift 20,53,96
Streit 174
Stopp! 187
Stoppuhr 112
Stoppschild 80
Strandliege 131,167
Straße 21,58f
Straßenbahn 81
Straßensperre 67
Streichholzschachtel 116
Stress 228,229
Strichmännchen 164ff
Strommast 89
Stuhl 214,215

T

Tandem 77
Tanksäule 89
Tanne 146
Tasche 113
Taschenrechner 97
Tasse 54,120
Tauziehen 236
Taucher 243
Team 162,237,238f
Teekessel 119
Teetasse 120

Index

Telefon 53,93,223
Teleskop 50,60
Tempel 52,137
Tennisball 129
Tennisschläger 129
Teppich, roter 69
Teufel 164,224
Textboxen 32ff
Tiere 148ff
Titanic 83
Toaster 126
Tomate 125
Topf 119
Tor 129,237
Torwart 237
Tornado 31,139
Trainer 172
Traktor 79,190

Treppe 172,209,210ff
Tresor 95
Trichter 25,53
Trittspuren 175
Trommel 253
Trompete 253
Truhe 114,115
Turm 75
Turmspringer 243
Turm von Pisa 137

U

U-Boot 84
Uhrzeit 23
Unternehmen 72,162
Urkunde 71

V

Ventilator 108,109
Verbotsschild 23,51,80,174,175
Verkehrsschild 23,25,29,51,80
Vernetzung 162
Vierecke 26f
Volleyball 129,235
Volleyballnetz 129,235
Volleyballspieler 235
Vorhängeschloss 53,67
Vulkan 145

W

Waage 54,118
Wäscheklammer 110
Wäscheleine 110
Wahrsagerkugel 60
Wal 152

Index

Wanderer 246
Warteschlange 173
Waschmaschine 110
Waschzettel 33
Wasserfall 143
Wasserhahn 91
Wasserkocher 119
Wasserstrudel 31
Wecker 37,51,63
Weg 58f,225
Wegweiser 46,50,61,160,179,225
Weinflasche 121
Weinglas 121
Weintrauben 123
Weltbevölkerung 136,173
Weltkugel 23,55,136,173
Wetter 138f
Wettkampf 236

Windsack 139
Windmühle 74,75
Windrad 52,90
Windrose 61
Wippe 95
Wischlappen 116
Wohnmobil 78
Wohnwagen 78
Wolke 50,55,138
Wolkenkratzer 73
Wollknäuel 111
Würfel 133
Wüste 140

Z

Zahnräder 63,64f
Zaun 143
Zeit 23,37,51,62f,95
Zeitung 92,207,254,255
Zeitungsleser 207,254,255
Zelt 130
Zeppelin 87
Ziele 68f
Zielbanner 39,68
Zielflagge 50,68
Zielscheibe 23,37,50,68
Zirkel 96
Zollstock 117
Zustimmung 199
Zylinder 53,113

Danksagung

Mein inniger Dank gilt meinen Eltern – den besten Lektoren der Welt – für ihre wertvolle Unterstützung bei der Arbeit an meinem Buch, inbesondere meiner Mutter, die tapfer alle Bildvokabeln nachgezeichnet und auf Tauglichkeit getestet hat.

dies ist
eine Blume
nein!
Eine Hand!

Die Autorin

Petra Nitschke

Die Diplom-Mathematikerin und Diplom-Supervisorin ist Begründerin der Firma smartrix. Seit 1998 bildet sie in Unternehmen Mitarbeiter für die organisationsinterne Wissensvermittlung aus.

Als Expertin für Visualisierung verhilft sie Mitarbeitern in Organisation dazu, ihr Wissen gegenseitig gut strukturiert und methodisch fundiert zur Verfügung zu stellen – ihr Wissen sichtbar zu machen!

Ihre oberste Maxime als Trainerin lautet: „Lernen darf Spaß machen – ein Leben lang!“ Auf diese Weise gestaltet sie ihre Trainings zu einem lustvollen Ausflug in die Welt des Wissens. Gehen Sie mit ihr auf Entdeckungsreise!

Kontakt: www.smartrix.de

„In meiner Arbeit als Trainerin und Beraterin mache ich mir die Kraft von inneren und äußeren Bildern zunutze, indem ich komplexe gedankliche Prozesse visualisiere und damit für Sie sichtbar und bearbeitbar mache."

Petra Nitschke

Trainings planen und gestalten

Professionelle Konzepte entwickeln. Inhalte kreativ visualisieren.
Lernziele wirksam umsetzen.

ISBN 978-3-941965-16-4

4. Aufl. 2016, kt., 288 Seiten, 49,90 EUR

Entwickeln Sie systematisch ein klar strukturiertes Trainingskonzept. Erstellen Sie professionelle Dokumente und begeistern Sie Kunden und Teilnehmer mit ansprechenden Charts. Gestalten Sie Lernräume, die Spaß machen! Petra Nitschke führt Sie auf Entdeckungstour durch die Welt der visuellen Planung und Gestaltung von Trainings: Sie legen den Seminarrahmen fest, schärfen Ihr Trainerprofil, definieren Lernziele. Sie lassen aus trockenen Lerninhalten eine bilderreiche, packende Story entstehen. Sie lernen, Daten über das Training so auszuwerten, dass Sie nachfolgende Trainings immer weiter optimieren und Ihr Trainerprofil immer weiter entwickeln können.

▶ Weitere Infos: www.managerseminare.de/tb/tb-8557

Die Toolbox zum Buch

Petra Nitschke

Trainingskonzept: Trainings planen und gestalten

CD-ROM mit Trainer-Einzellizenz

ISBN 978-3-941965-03-4

248,00 EUR

▶ Weitere Infos: www.managerseminare.de/tb/tb-8017

Petra Nitschke

Lebensbereiche balancieren

Visuelles Zeit- und Selbstmanagement mit Techniken für ein gesundes und harmonisches Gleichgewicht zwischen Berufs- und Privatleben

ISBN 978-3-95891-016-4

2016, kt., 296 Seiten, 49,90 EUR

Petra Nitschke führt Sie auf Entdeckungstour durch die Welt der vier Lebensbereiche – Geist, Kontakt, Handlung, Körper – und visualisiert zahlreiche Techniken, mit denen es gelingen kann, Zeit für sich zu schaffen sowie diese vier Bereiche in Balance zu bringen und zu halten. Die Inhalte sind eine sehr strukutriert aufgebaute und grafisch anspruchsvoll umgesetzte Reflexionshilfe für (neue) freiberufliche Trainer, die trotz unregelmäßigem Tages- und Wochenablauf eine balancierte Lebensführung anstreben. Gleichzeitig ist das Werk eine Fundgrube für alle Fachtrainer für Selbst-, Zeit- und Stressmanagement, die sich visuell und inhaltlich inspirieren lassen wollen.

▶ Weitere Infos: www.managerseminare.de/tb/tb-11707

Petra Nitschke
Bildsprache II
Formen und Figuren im Grund- und Aufbauwortschatz
ISBN 978-3-95891-052-2
49,90 EUR

Die Fortsetzung des Bestsellers Bildsprache. Aufbau und Struktur des Vorgängers bleiben erhalten: Sie finden einfache Bilder im Grundwortschatz und komplexere im Aufbauwortschatz. Natürlich erwarten Sie auch wieder zahlreiche Learnings, in denen Sie Schritt für Schritt die Bilder nachzeichnen lernen. Neu hinzugekommen sind aktuelle Sachthemen wie zum Beispiel Digitalisierung, Globalisierung und Interkulturelles. Außerdem Themen rund um den Menschen: Körperanatomie, Gesichter, Charaktere entwickeln. Bekannte Motive aus dem Vorgängerbuch wurden weiterentwickelt - so wird zum Beispiel aus der Insel nun eine Steueroase. Neu ist auch ein dezenter Einsatz von Farbe in Kombination mit dem bewährten Grau.

Weitere Infos: www.managerseminare.de/tb/tb-12013